Crisanto Velázquez
Eduardo Valencia
Lourdes I. Macías

Análisis de la comunicación Bioquímica. Medicago spp. - A. agilis

Crisanto Velázquez
Eduardo Valencia
Lourdes I. Macías

Análisis de la comunicación Bioquímica. Medicago spp. - A. agilis

Los compuestos orgánicos volátiles como una vía de comunicación entre plantas y microorganismos

PUBLICIA

Imprint
Any brand names and product names mentioned in this book are subject to trademark, brand or patent protection and are trademarks or registered trademarks of their respective holders. The use of brand names, product names, common names, trade names, product descriptions etc. even without a particular marking in this work is in no way to be construed to mean that such names may be regarded as unrestricted in respect of trademark and brand protection legislation and could thus be used by anyone.

Cover image: www.ingimage.com

Publisher:
PUBLICIA
is a trademark of
International Book Market Service Ltd., member of OmniScriptum Publishing Group
17 Meldrum Street, Beau Bassin 71504, Mauritius

Printed at: see last page
ISBN: 978-3-639-64850-8

Zugl. / Aprobado por: Morelia, Universidad Michoacana de San Nicolás de Hidalgo

UNIVERSIDAD MICHOACANA DE
SAN NICOLÁS DE HIDALGO

INSTITUTO DE INVESTIGACIONES QUÍMICO-BIOLÓGICAS

LABORATORIO DE ECOLOGÍA MICROBIANA

ANÁLISIS DE LA COMUNICACIÓN BIOQUÍMICA *Medicago* spp. – *Arthrobacter agilis*

TESIS

QUE PRESENTA

M.C. CRISANTO VELÁZQUEZ BECERRA

PARA OBTENER EL GRADO DE

DOCTOR EN CIENCIAS BIOLÓGICAS

DIRECTOR DE TESIS

DR. EDUARDO VALENCIA CANTERO
CO-ASESOR: DRA. LOURDES I. MACÍAS RODRÍGUEZ

MORELIA MICHOACÁN. AGOSTO 2011

UNIVERSIDAD MICHOACANA DE SAN NICOLÁS DE HIDALGO

Programa Institucional de
Doctorado en Ciencias Biológicas

DR. JAVIER PONCE SAAVEDRA
COORDINADOR GENERAL DEL PROGRAMA INSTITUCIONAL DE
DOCTORADO EN CIENCIAS BIOLÓGICAS
P R E S E N T E

Por este conducto nos permitimos comunicarle que después de haber revisado el manuscrito final de la Tesis Titulada: "Análisis de la comunicación bioquímica *Medicago* spp *Arthrobacter agilis*"" presentado por el M.C. Crisanto Velázquez Becerra, consideramos que reúne los requisitos suficientes para ser publicado y defendido en Examen de Grado de Doctor en Ciencias.

Sin otro particular por el momento, reiteramos a usted un cordial saludo.

A T E N T A M E N T E
Morelia, Michoacán, 2 de agosto de 2011

MIEMBROS DE LA COMISIÓN REVISORA

Dr. Eduardo Valencia Cantero	Dr. Lourdes I. Macías Rodríguez
Dr. José López Bucio	Dr. Gustavo Santoyo Pizano
Dra. Esperanza Martínez Romero	Dr. Miguel Martínez Trujillo

Dr. Gustavo Hernández Guzmán

c.c.p. Archivo de la OBE

Coordinación de Posgrado de la Facultad de Biología. Edif. "R" Planta Baja. Ciudad Universitaria, Morelia, Michoacán. CP 58060. Tel/Fax. (443) 3167412. Email: pilli_10@yahoo.com o pcerritosbarriga@gmail.com
Laboratorio de Entomología "Biol. Sócrates Cisneros Paz". Edificio B4 2º. Piso. Ciudad Universitaria. Morelia, Michoacán. Email: javierpon@gmail.com

Este trabajo se llevo a cavo en el Instituto de Investigaciones Químico-Biológicas de la Universidad Michoacana de San Nicolás de Hidalgo en el laboratorio de ecología microbiana, bajo la dirección del Dr. Eduardo Valencia Cantero y Coodirección de la Dra. Lourdes Iveth Macías Rodríguez. Agradecemos el financiamiento de este trabajo al Consejo Nacional de Ciencia y Tecnología vía el proyecto 60999 (LIMR).

Agradecimientos

A mi señora **madre** y mi **padre** que aun están conmigo.

A **Elena Cuevas Álvarez** quien me ha dado lo más importante de mi vida.

Al Dr. **Eduardo** por confiar en mí y apoyarme durante tantos y tantos años y siempre estar en la mejor disposición para mostrarme la mejor manera de hacer las cosas.

A mí Co-asesora la Dra. **Lourdes** por siempre haberme facilitado las herramientas para el desarrollo de gran parte de mi tesis.

Y por supuesto no puedo dejar de agradecerles a mis compañeros del instituto que me hicieron la estancia muy agradable (Idolina, Carmen, Cristian, Paty, July, Daniel, Nancy, Cecilio, Itzi, Chio, Randy, Ramón, Javis y León).

A Dr. **José López Bucio** por haber aceptado ser parte de mi comité y siempre prestarle la atención debida para el desarrollo de mi trabajo doctoral.

A la Dra. **Esperanza Martínez Romero** por haberse tomado la libertad de estar en mi comité y por su asesoramiento en la revisión de mi tesis.

Al Dr. **Gustavo Santoyo Pizano** quien también me asesoró con su mejor disposición y contribuyó para el desarrollo de mi tesis.

Este trabajo se lo dedico a mis abuelos quienes fueron unos segundos padres para mí y murieron un año atrás

INDICE

1. RESUMEN

La rizosfera es una área entre el suelo y la raíz que está influida de manera directa por los exududados de la planta, en esta zona también se encuentran microorganismos como las rizobacterias promotoras del crecimiento vegetal (PGPRs) que son capaces de estimular el crecimiento y desarrollo de las plantas de manera directa o indirecta por diferentes mecanismos en los que se incluye la producción de diferentes clases de moléculas como las auxinas, giberelinas, enzimas y antibióticos, entre otros, afectando directamente la morfogénesis de las plantas. En nuestro trabajo evaluamos los efectos de la inoculación de la bacteria *Arthrobacter agilis* UMCV2 sobre plántulas de *Medicago* spp. Esta bacteria fue aislada de la rizosfera de plantas de maíz en suelo ligeramente acido, y en la interacción *A. agilis* UMCV2-*M. sativa,* la bacteria incrementó significativamente la longitud de la parte aérea, longitud de la raíz y el peso fresco de la planta. En un sistema de compartimentos separados la bacteria *A. agilis* UMCV2 también alteró la arquitectura general de plántulas de *M. sativa,* ya que promovió la densidad de raíces laterales y la longitud de la raíz primaria mediante la emisión de compuestos orgánicos volátiles VOCs. Posteriormente en un análisis cromatográfico pudimos encontrar la presencia de la dimetilhexadecilamina dentro del perfil de VOCs emitidos por la bacteria, el cual más tarde pudimos constatar es el compuesto responsable del desarrollo diferencial en las plántulas de *M. sativa.* La dimetilhexadecilamina es una amina terciaria con una longitud de una cadena hidrocarbonada de 16 átomos y dos grupos metilo. Este compuesto, además de lo antes mencionado, también presentó propiedades antimicrobianas hacia los organismos fitopatógenos *B. cinerea* y *P. cinnamomi.* La presencia de aminas dentro de la mezcla de compuestos producidos por bacterias ya ha sido reportada, ya que se tienen registros de aminas como la butanamina y dimetiloctilamina. Sin embargo, el encontrar que la dimetilhexadecilamina, además de presentar una fuerte actividad antimicrobiana superior a las aminas anteriormente reportadas, que promueva el crecimiento de las plantas, es un resultado novedoso en la interacción planta-bacteria.

2. SUMMARY

The rhizosphere is an area between the soil and the root is influenced directly by plant exudates, in this area are also microorganisms such as plant growth promoting rhizobacteria (PGPRs) that are capable of stimulating growth and development plants directly or indirectly by various mechanisms which include the production of different kinds of molecules such as auxins, gibberellins, enzymes and antibiotics, among others, directly affecting the morphogenesis of plants. In our study we evaluated the effects of inoculation of the bacteria *Arthrobacter agilis* UMCV2 on seedlings of *Medicago* spp. This bacterium was isolated from the rhizosphere of maize plants in slightly acid soil, and interaction *A. agilis* UMCV2-*M. sativa*, the bacteria significantly increased the length of the shoot, root length and fresh weight of the plant. In a system of separate compartments the bacterium *A. agilis* UMCV2 also altered the general architecture of seedlings of *M. sativa*, as it promoted the density of lateral roots and primary root length by emitting volatile organic compounds (VOCs). Later in chromatographic analysis could find the presence of dimetilhexadecilamina within the profile of VOCs emitted by the bacteria, which later we found is the compound responsible for the differential development in seedlings of *M. sativa*. The dimetilhexadecilamina is a tertiary amine with a length of a hydrocarbon chain of 16 atoms and two methyl groups. This compound, in addition to the above, also showed antimicrobial properties toward pathogenic organisms *B. cinerea* and *P. cinnamomi*. The presence of amines in the mixture of compounds produced by bacteria has been reported since records began as butanamine and dimetiloctilamine. However, the finding that dimetilhexadecilamina addition to presenting a strong antimicrobial activity than previously reported amines, which promotes plant growth, is a new result in the plant-bacteria.

3. INTRODUCCION GENERAL

Las plantas son sin duda una parte muy importante en la naturaleza, juegan un papel fundamental en la existencia y sustento de la vida del planeta. Para ello, nosotros sabemos que las plantas como todos los seres vivos cuentan con diferentes estructuras especializadas para su óptimo funcionamiento de acuerdo a su nicho y función ecológica, una de estas estructuras es la raíz. La raíz de las plantas es una estructura vital y altamente sofisticada, ya que además de participar en el anclaje y absorción de nutrientes en el suelo, tienen la capacidad de secretar distintos compuestos o exudados de naturaleza diversa y de diferente peso molecular (Bais y col. 2006; Badri y col. 2009). Entre los compuestos de bajo peso molecular, y de hecho, los más abundantes tenemos los aminoácidos, iones, oxigeno libre, agua, ácidos orgánicos, azucares, fenoles, vitaminas y fitosideroforos, y entre los exudados de alto peso molecular se encuentran compuestos como mucilagos (polisacáridos) y proteínas. Todos estos compuestos que son secretados al medio ambiente rizosferico participan en las distintas interacciones en este microecosistema (Bais y col. 2006; Badri y col. 2009). La naturaleza de estos exudados, tanto por parte de la raíz como por parte de otro organismo, depende el tipo de interacción que se llevará a cabo, ya que pueden surgir interacciones de tipo perjudicial, benéficas o neutrales para la planta (Bais y col. 2006). Nosotros nos enfocamos en este trabajo a hablar de las interacciones llevadas a cabo entre la raíz y los microorganismos, específicamente las bacterias que establecen una relación benéfica con la planta. Antes que nada, debe quedar claro que para establecerse una relación entre una planta y una rizobacteria promotora del crecimiento vegetal o PGPR, los compuestos que se liberan entre estos dos organismos juegan un papel fundamental. Las bacterias PGPRs al igual que las plantas tienen la característica de producir y liberar una vasta cantidad de compuestos que ejercen un efecto promotor sobre las plantas que perciben estas moléculas bacterianas, y esto lo hacen por medio de la raíz (Mathesius y col. 2003; Bais y col. 2006; Badri y col. 2009). Estas bacterias que se encuentran en el espacio rizosferico son capaces de influenciar el desarrollo de la planta y los compuestos responsables de esta inducción presentan una naturaleza química muy variada, pueden ser desde fitohormonas, enzimas, ácidos orgánicos, antibióticos y compuestos orgánicos volátiles (VOCs) (Ping y Boland 2004; Bais y col. 2006; Badri y col. 2009). Estos a su vez, se pueden clasificar de acuerdo a su modo de acción, ya que pueden ser considerados compuestos que participan en una "biofertilización" (Ping y Boland 2004), y uno de los ejemplos más representativos de ésto son las bacterias fijadoras de nitrógeno que generan un suministro de nitrógeno para la planta por parte de la bacteria y al mismo tiempo la planta provee de compuestos ricos en carbono a la bacteria o bacteroide. Otro mecanismo de acción es considerado como una "fitoestimulación" en donde las PGPRs son capases de alterar de manera benéfica el crecimiento de la planta mediante la emisión de fitohormonas tales como las giberelinas, análogos de auxinas, citocininas, octadecanoides, etileno y acido salicílico entre otros. *Azospirillum* spp. es una especie de bacteria que produce auxinas, cito quininas y giberelinas que estimulan el desarrollo de la raíz de la planta que de ésta manera plantas de importancia agrícola pueden incrementar su producción de manera considerable (Ping y Boland 2004). El "biocontrol" es otra de las formas en la cual las bacterias pueden beneficiar el desarrollo de las plantas, de tal manera que bacterias como las *Pseudomonas* spp. son capaces de liberar al medio compuestos con una elevada actividad antimicrobiana como los antibióticos (fenazinas y foroglucinoles) y cianuros (HCN) que reprimen y eliminan a organismos patógenos para las plantas (Ping y Boland. 2004). Por otra parte existe otra forma por la cual las bacterias pueden beneficiar el crecimiento de las plantas, y es mediante la emisión de compuestos orgánicos volátiles (VOCs). El estudio de éstos compuestos mencionados ha tomado mucha fuerza e importancia en los últimos diez años. Ryu y colaboradores (2003) muestran el primer trabajo en donde se destaca el efecto de los VOCs emitidos por las bacterias sobre el crecimiento vegetal. En éste trabajo los autores exponen la idea e importancia de estos compuestos en un sistema de cajas de Petri con compartimentos separados en el cual la planta de *Arabidopsis thaliana* crece en un lado y las bacterias de *Bacillus subtilis* GB03 y *Bacillus amyloliquefaciens* IN937a crecen el otro. La presencia de los VOCs emitidos únicamente por estos organismos bacterianos logró incrementar de manera significativa la superficie del área foliar de la planta en relación al control. Así mismo, la bacteria *B. amyloliquefaciens* IN937a través de mecanismos independientes de las vías de señalización a las de las citocininas y etileno. En éste mismo trabajo se realizó un perfil de compuestos volátiles que eran emitidos por estas bacterias, encontrando que tanto *B. subtilis* GB03 y *B. amyloliquefaciens* IN937a producían acetoina y el 2,3-Butanediol que en su papel podría ser la molécula causante del incremento en la biomasa de la planta. A partir de este trabajo han surgido muchos otros muy importantes pero pocos donde se identifique plenamente el compuesto o compuestos responsables de la alteración al desarrollo vegetal. Recientemente, Gutiérrez-Luna y colaboradores (2010), Los autores reportan que diversos aislados provenientes de la rizosfera de limón son capaces de alterar la arquitectura de la raíz de plantas de *A. thaliana*, en aspectos muy trascendentales como longitud de la raíz primaria, numero, longitud y densidad de raíces laterales y todo esto mediante la emisión de compuestos volátiles bacterianos. Pero los compuestos orgánicos volátiles provenientes de microorganismos no solo promueven el crecimiento vegetal, también inhiben fuertemente el crecimiento de otros microorganismos patógenos para las plantas. Chang nos muestran de manera clara como la emisión de los VOCs bacterianos de diversos grupos como *Bacillales* y *Rhizobiaceae* entre otros, reprimen contundentemente el crecimiento de hongos fitopatógenos (*Paecilomyces lilacinus* y *Pochonia chlamydosporia*) en aspectos como el crecimiento del micelio y la germinación de esporas. En éste trabajo también se realizó un análisis cromatográfico encontrando la presencia de compuestos como acetamida, benzaldehído, metanamina y N,N-dimetiloctilamina como los responsables de los efectos de fungistasis (Chang y col. 2007). En nuestro grupo de trabajo López-Bucio y otros autores analiza el efecto promotor de la cepa de *Bacillus megaterium* UMCV1 en la planta de *A. thaliana.* La presencia de esta cepa tubo la capacidad de alterar de marera importante aspectos de crecimiento de la planta como la longitud de la raíz primaria y la densidad de raíces laterales. El análisis cromatográfico realizado en éste trabajo reveló nuevamente la presencia de la acetoina, compuesto precursor del 2,3-butanediol (reportado por Ryu y col. 2003), destacando enormemente la existencia de otras cepas bacterianas con la facilidad de promover el crecimiento vegetal mediante la emisión de compuestos volátiles (López-Bucio y col. 2007). Lo antes mencionado nos ayuda entender como tanto los compuestos liberados por la planta como los liberados por la bacteria participan en las interacciones entre ellas, hasta el grado en que llegan a trabajar de manera coordinada, beneficiándose ambos organismos. En éste trabajo nosotros encontramos que la rizobacteria *Arthrobacter agilis* UMCV2 una promotora del crecimiento vegetal (Valencia-Cantero y col. 2007) produce la dimetilhexadecilamina, una amina capaz de promover el crecimiento vegetal a bajas concentraciones., resultados que son muy novedosos y originales ya que jamás se había tenido el antecedente que moléculas de ésta naturaleza puedan jugar este papel promotor de plantas. Además de que también la dimetilhexadecilamina presenta una fuerte actividad antimicrobiana.

4. ANTECECENTES

La rizosfera es la zona del suelo que rodea inmediatamente la raíz de la planta, en este ecosistema se llevan a cabo procesos biológicos y químicos. Esta zona comprende de 1mm de espesor alrededor de la raíz. En ésta área se llevan a cabo intensas actividades ecológicas, ya que el suelo se ve influenciado por los exudados de la raíz y por los microorganismos que habitan en ella, los cuales se ven beneficiados de éstos compuestos (Figura 1). Entre los compuestos que son liberados por parte de la raíz se encuentran los de bajo peso molecular como los aminoácidos, iones, oxigeno libre, agua, ácidos orgánicos, azucares, fenoles, vitaminas y fitosideroforos, y entre los exudados de alto peso molecular se encuentran compuestos como mucilagos y proteínas (Bais y col. 2006). Las raíces crecen a través del suelo y van liberando agua y compuestos solubles que son el alimento para muchos microorganismos. Este suministro de nutrientes media la actividad microbiológica en la rizosfera y esta actividad es variable en diferentes zonas de la raíz. (Bais y col. 2006).

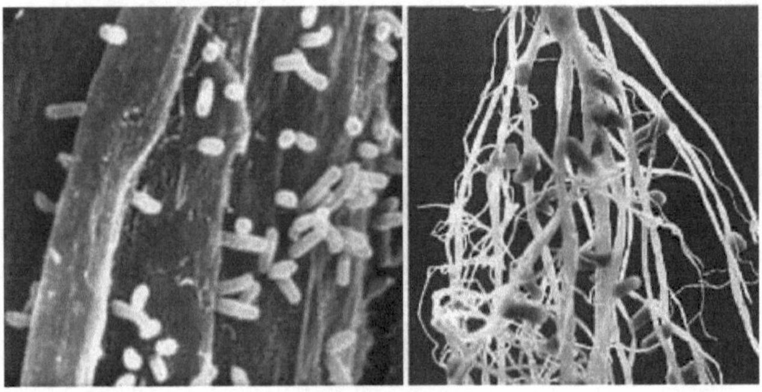

Figura 1. Imagen donde se muestra la interacción planta-bacteria. Izquierda: células de rizobios que colonizan la raíz de leguminosas. Derecha: Los nódulos que se derivan de la infección en las raíces de leguminosas por Rhizobium. Interiores del nódulo de color rosa (de leghemoglobina) indican que la fijación de nitrógeno está ocurriendo.

Los exudados de la raíz actúan como mensajeros que estimulan las interacciones biológicas y físicas entre las raíces y los microorganismos del suelo, que modifican las propiedades bioquímicas y físicas de la rizosfera y contribuyen al crecimiento de las raíces y de la planta en general. Sin embargo el destino de los exudados en la rizosfera y la naturaleza de sus reacciones del suelo siguen siendo poco conocidas (De la peña y col. 2008) (Tabla 1).

4.1 Los exudados rizosfericos presentan varias funciones:

-Proteger la raíz contra microorganismos patógenos. Las células de la raíz son susceptibles al ataque de microorganismos, por lo que han desarrollado diversos mecanismos de defensa, tales como la secreción de proteínas de defensa y otros compuestos antimicrobianos. Investigaciones han reportado que en los exudados de la rizosfera varían de acuerdo a las etapas de la planta el crecimiento (Bais y col. 2006).

-Atraer y repeler diversas especies de microbios y poblaciones. Los altos niveles de humedad y nutrientes en el rizosfera atraen a un número mucho mayor de microorganismos que en otras partes en el suelo. La composición y el patrón de los exudados de las raíces afectan la actividad microbiana y los números de población que a su vez afectan a otros organismos del suelo que comparten este el medio ambiente (Bais y col. 2006).

-Mantener el suelo húmedo alrededor de las raíces. Investigaciones han revelado que el suelo rizosferico es mucho más húmedo que el suelo en general, y que protege a las raíces que se sequen. Los exudados de las raíces se liberan en la noche, permitiendo la expansión de las raíces en el suelo. Cuando la transpiración se reanuda con la luz del día, los exudados comienzan a secarse y se adhieren a las partículas del suelo en la rizosfera. A medida que el suelo se seca y su potencial hidráulico disminuye, los exudados liberan agua al suelo (Walker y col. 2003).

-Obtención de nutrientes. Los exudados ayudan a las raíces a absorber y almacenar los iones para su uso de las plantas. Por ejemplo, los flavonoides en las raíces de leguminosas activan los genes de *Rhizobium meliloti*, responsables de la nodulación en la raíz que permiten a la planta obtener el nitrógeno del aire. Los exudados permiten la transferencia de hasta el 20% de todo el carbono fijado fotosintéticamente. Los exudados también pueden ser responsables de fomento de las micorrizas arbusculares vesiculares que colonizan las raíces y generan kilómetros de hifas en el suelo, aumentando la superficie y distancia recorrida por las raíces y tomando los nutrientes para la planta. (Walker y col. 2003; Bais y col. 2006).

-Cambio en las propiedades químicas del suelo alrededor de las raíces. El entorno de la rizosfera en general tiene un menor pH, menor oxígeno y es mayor en concentraciones dióxido de carbono. Sin embargo, los exudados pueden hacer que el suelo en la rizosfera sea más ácido o alcalino, según se trate del nutriente que esté tomando las raíces de la tierra. Por ejemplo, cuando una planta absorbe el nitrógeno en forma de amonio, se liberan iones de hidrógeno que se refleja en hacer más ácido el ambiente rizosferico. Cuando una planta toma nitrógeno en forma de nitrato se que liberan iones hidroxilo que hacen a la rizosfera más alcalina. Esta acción no suelen afectar el pH más allá de la rizosfera, pero es importante para los pequeños organismos que viven en el rizosfera, porque muchos organismos del suelo no tienen demasiada movilidad (Walker y col. 2003; Bais y col. 2006).

-Inhibición el crecimiento de especies competidoras para la planta. Las raíces de las plantas están en continua comunicación con el entorno a los sistemas de la raíz y evitan la presencia de agentes invasores a través de mensajes químicos en las raíces. Este proceso se conoce como alelopatía. En la agricultura puede ser beneficioso cuando plantas de cultivo impiden que la maleza crezca cerca (Bais y col. 2006, Badri y col. 2009).

4.2 Efecto rizosférico

La rizosfera es un centro de intensa actividad biológica gracias a la oferta de alimentos proporcionados por los exudados de la raíz. Las bacterias, actinomicetos, hongos, protozoos, algas, nematodos, gusanos, las lombrices de tierra, milpiés, ciempiés, insectos, ácaros, caracoles, pequeños animales y del suelo compiten constantemente por agua, alimentos y el espacio. La química del suelo y el pH puede influir en la mezcla de especies y funciones de los microorganismos en la rizosfera.

Clase de compuesto	Molécula en particular
Carbohidratos	Arabinosa, glucosa, galactosa, fructosa, sucrosa, pentosa, ramnosa, rafinosa, ribosa, xilosa y manitol
Amino ácidos	Los 20 convencionales más hidroxiprolina, homoserina, ácido mugineico, ácido aminobutirico.
Ácidos orgánicos	Ácido Acético, ácido sucínico, ácido aspartico, ácido málico, ácido glutamico, ácido salicílico, ácido shiquímico, ácido isocitrico.
Flavonoides	Naringenina, kaempferol, quercitina, miricetina, naringina, rutina, genisteina, strigolactona
Ligninas	Catecol, ácido benzoico, ácido nicotínico, floroglucinol, ácido cinámico, ácido gálico, ácido ferúlico, ácido siríngico.
Coumarinas	Umbeliferona
Auronas	Benzil auronas, sinapatos, sinapoil colina.
Gucosinolatos	Ciclobrasinona, desufoguconapina, desulfoprogoitrina, desulfonapoleiferina, desulfoglucoalisina.
Antocianinas	Cianidina, delfinidina, pelargonidina.
Indoles	Ácido Indol-3-acético, brasitina, sinalexina, brasilexina, metil indol carboxilato, camalexina glucósido.
Ácidos grasos	Acido linoleico, ácido oleico, ácido palmítico, ácido esteárico.
Esteroles	Campestrol, sitosterol, stigmasterol.
Alomonas	Jugulona, sorgoleona, 5,7,4′-trihidroxi-3′, 5′-dimetoxiflavona.
Proteínas y enzimas	Proteínas PR, lectinas, proteasas, fosfatasas ácidas, peroxidasas, hidrolasas, lipasa.

Tabla 1. Compuestos producidos y secretados por la rizosfera de plantas en general (Tabla modificada de Bradi y col. 2009).

Existen algunos microorganismos que interactúan con plantas específicas. Estas interacciones pueden ser patogénicas (invadir y matar las raíces y plantas), simbióticas (beneficio del crecimiento de las plantas), dañinas (reducir crecimiento de las plantas), saprofitas (viven en las raíces y plantas muertas) o neutrales (no afecta a las plantas). Las interacciones que son beneficiosas para la agricultura incluyen las micorrizas, nodulación de leguminosas y la producción de compuestos antimicrobianos que inhiben el crecimiento de patógenos. Los microorganismos del suelo participan en muchas más funciones, como por ejemplo, convierten las formas inorgánicas de nutrientes en formas orgánicas que las raíces de las plantas pueden tomar. En la rizosfera los microorganismos producen vitaminas, antibióticos, hormonas vegetales, alentando el crecimiento de las plantas. También los productos de desecho y las secreciones de los microorganismos ayudan a combinar las partículas del suelo en agregados estables alrededor de las raíces de las plantas. Estos agregados mantener la humedad en el interior, pero permiten el drenaje entre los agregados, por lo que los pelos de la raíz no son anegadas (Bais y col. 2006, Badri y col. 2009).

A éstos organismos bacterianos que promueven el crecimiento vegetal de manera directa o indirecta de les llama rizobacterias promotoras del crecimiento vegetal o PGPRs (en inglés **P**lant **G**rowth **P**romoting **R**hizobacteria). Estas son las bacterias que colonizan las raíces de las plantas, y al hacerlo se promueve el crecimiento vegetal y / o reducen las enfermedades o daños por otros organismos. Cepas de *Rhizobium* aseguran la fijación adecuada de nitrógeno. Sin embargo, es también posible inocular las semillas con otras bacterias que aumentan la disponibilidad de otros nutrientes, incluyendo la solubilización el fosfato, la oxidación de sulfuro y quelación del hierro y el cobre (Lugtenberg y Kamilova 2009).

Hiltner y colaboradores (1904) descubrieron que en la rizosfera, es decir, en la capa de tierra influenciada por la raíz, es mucho más rico en bacterias que el resto del suelo no rizosférico. Como hemos explicado antes, estos microbios de la rizosfera se benefician de los metabolitos de las raíces de la planta. Este efecto en la rizosfera es causada por el hecho de que una cantidad sustancial del carbono fijado por la planta (5-21%), es secretada principalmente como exudado de la raíz. Aunque la concentración de bacterias en la rizosfera es 10 a 1000 veces mayor que en el suelo en general, todavía es 100 veces inferior que en los medios de cultivo de laboratorio. Por lo tanto, el estilo de vida de las rizobacterias se caracteriza bien como inanición. Para ejercer sus efectos beneficiosos en el entorno de la raíz, las bacterias tienen que ser competente rizosfericas, es decir, poder competir así con otros microbios por los nutrientes secretado por los sitios de rizosfera en la raíz y para que pueda ocupar un nicho (Marschner 1995; Lugtenberg y Kamilova 2009).

4.3 Bacterias Promotoras de crecimiento vegetal

A los organismos bacterianos que promueven el crecimiento vegetal de manera directa o indirecta de les llama rizobacterias promotoras del crecimiento vegetal o PGPRs

Las PGPRs pueden promover el crecimiento de la planta si su efecto se ejerce sobre la planta en si, y entonces se denomina mecanismo, o puede promover el crecimiento vegetal si su efecto se ejerce sobre terceros organismos que causen daño o enfermedades a las plantas, y entonces se le denomina mecanismo indirecto.

4.3.1. Promoción del crecimiento vegetal de forma directa

Ha habido un gran interés y muchas investigaciones en PGPRs que siguen en aumento. El ejemplo más clásico es el de cepas de *Rhizobium* que efectúan la fijación de nitrógeno en plantas leguminosas. Sin embargo, es también posible inocular las semillas con otras bacterias que aumentan la disponibilidad de otros nutrientes, incluyendo la solubilización el fosfato, la oxidación de sulfuro y quelación del hierro y el cobre (Lugtenberg y Kamilova, 2009).

Los mecanismos empleados para ejercer la promoción del crecimiento vegetal de forma directa pueden clasificarse como sigue:

-Biofertilización

Algunas rizobacterias promueven el crecimiento de plantas y la ausencia de patógenos, las bacterias suministran a la planta de fertilizantes. Las bacterias fijadoras de nitrógeno como *Rhizobium* y *Bradyrhizobium* pueden formar nódulos en las raíces de plantas leguminosas tales como la soya, frijol, maní, y alfalfa, en los que convierten el nitrógeno atmosférico en amoniaco, que en contraste con nitrógeno atmosférico puede ser utilizado por los vegetales como fuente de nitrógeno (Van Rhijn, 1995).

Azospirillum es una bacteria de vida libre fijadora de nitrógeno que puede fertilizar el trigo, el sorgo y el maíz. A pesar de la capacidad de fijación de *Azospirillum*, el incremento de la producción causada por la inoculación por *Azospirillum* se atribuye principalmente al desarrollo de la raíz y por lo tanto a un aumento de las tasas de absorción de agua y minerales. Los bajos niveles de fosfato soluble puede limitar el crecimiento de las plantas. Algunas bacterias PGPRs solubilizan fosfato para las plantas, lo que facilita el crecimiento de plantas. Varias enzimas tales como fosfatasas, fitasas, fosfonatasas y C-P liasas liberan fósfato soluble a partir de compuestos orgánicos en el suelo. Las C-P liasas rompen los enlaces C-P en organofosfonatos y así la liberación de fósforo de los minerales se relaciona con la producción de ácidos orgánicos, como el ácido glucónico (Rodríguez y col. 2006).

-Rizoremediadores

Un problema es la degradación de los contaminantes del suelo. Existen bacterias capaces de solucionar este problema. Las bacterias de este tipo han resultado ser eficaces en el laboratorio pero poco eficaces en condiciones de suelo. Su principal metabolismo depende de la degradación de los contaminantes. Una estrategia para poder utilizar estas bacterias en el suelo es desacoplar la energía necesaria del metabolismo primario para la energía necesaria en la degradación de contaminantes. Con este fin, Kuiper y colaboradores desarrolló un sistema llamado rizoremediación. Su estrategia consistió en seleccionar rizobacterias degradadoras de contaminantes que viven o están cerca de la raíz para que puedan utilizar los exudados de la raíz como fuente importante de nutrientes (Kuiper y col. 2001). Estos autores desarrollaron un sistema eficaz para enriquecer bacterias partiendo de una mezcla cruda. Una de las cepas resultantes es *P. putida* PCL1444, efectivamente utiliza el exudado de la raíz y degrada el naftaleno alrededor de la raíz, protege a las semillas de ser muertas por la naftalina y permite a la planta crecer normalmente. Mutantes incapaces de degradar naftaleno no protegen a la planta (Lugtenberg y col. 2009).

-Fitoestimuladores

Algunas bacterias producen sustancias que estimulan el crecimiento de plantas en ausencia de patógenos. El mejor ejemplo es la hormona auxina. Además, otras hormonas así como ciertos compuestos volátiles y del cofactor pirrolquinolina quinona (PQQ) estimula el crecimiento de las plantas. La hormona auxina promueve el crecimiento de la raíz y está presente en los exudados de la raíz, es por lo general sintetizada a partir del aminoácido triptófano. La concentración de triptófano en exudados difiere mucho entre las plantas (Kamilova y col. 2006). La inoculación de semillas con la auxinas sintetizadas por *P. fluorescens* WCS365 no dio lugar a un aumento en el peso de las raíces o ramas de pepino, ni en pimiento o el tomate, pero si dio lugar a un significativo aumento en el peso de la raíz del rábano. El rábano produce por lo menos nueve veces más triptófano en su exudado que las plántulas de pepino, pimiento o tomate.

La fijación de nitrógeno de la bacteria *Azotobacter paspali* aislada de una especie de gramínea subtropical, mejora el crecimiento de una variedad de dicotiledóneas y plantas monocotiledóneas. Experimentos con nitrógeno añadido sugieren que la promoción del crecimiento vegetal se debe a la producción de los factores de crecimiento vegetal tales como el AIA, giberelinas y citocininas y no por la fijación de nitrógeno (Okon y col. 1998).

Algunas rizobacterias tales como las cepas de *B. subtilis* GB03 y *B. amyloliquefaciens* IN937a promueven el crecimiento de las plantas mediante la liberación de compuestos volátiles. Estas dos cepas promovieron grandemente el aumento del área foliar de plántulas de *A. thaliana* en un sistema experimental de compartimientos separados donde las plantas y las bacterias no se tocan pero comparten el espacio de cabeza (Figura 2) ambas bacterias producen los compuestos volátiles 2,3-butanediol y acetoína, mientras que bacterias no promotoras del crecimiento vegetal (*E. coli* DH5α) no los producen, y las bacterias mutantes de *B. amyloliquefaciens* IN937a y *B. subtilis* GB03 bloqueadas en la biosíntesis de estos compuestos tampoco promueven el crecimiento en la planta (Ryu y col. 2003).

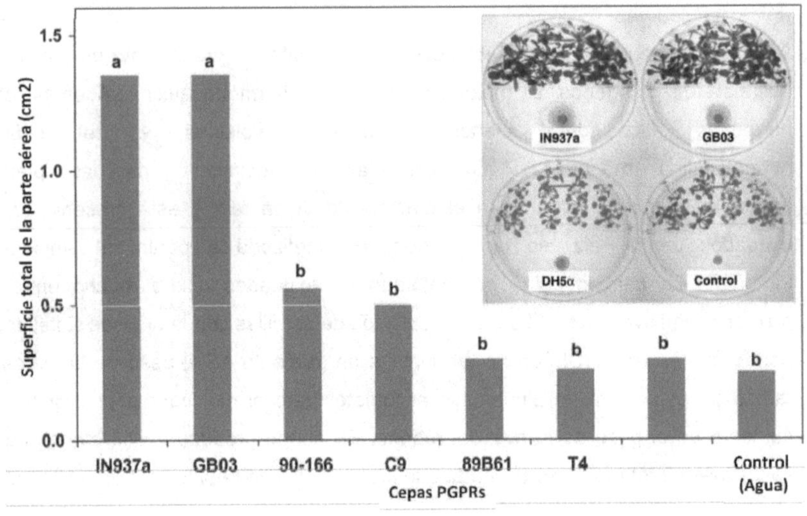

Figura 2. Cuantificación de la promoción del crecimiento en *A. thaliana* frente a diversas cepas PGPRs y no PGPRs, en un sistema de cajas de Petri en compartimentos separados. *B. amyloliquefaciens* IN937a, *B. subtilis* GB03, *Serratia marcescens* 90–166, *B. pasteurii* C-9, *Pseudomonas fluorescens* 89B-61, *Bacillus pumilus* T4 y *Escherichia coli* DH5α usada como control (ver Ryu y col. 2003).

Más recientemente, Zhang y colaboradores (2008) encontró que *B. subtilis* GB03 aumenta la eficiencia fotosintética y el contenido de clorofila de *A. thaliana* a través de la modulación de la señalización endógena de la glucosa y ácido abscísico. Llegaron a la conclusión de que la bacteria juega un papel regulador en la adquisición de energía para la planta. El cofactor PQQ fue descrito como un promotor del crecimiento de plantas. Promotores sintéticos de PQQ genera un crecimiento de las plantas de tomate y pepino. Los resultados sugieren que PQQ actúa como un antioxidante en las plantas. Sin embargo, no se puede excluir que el efecto es indirecto porque PQQ es un cofactor de varias enzimas que participan en la actividad antifúngica y la inducción de resistencia sistémica en la planta (Lugtenberg y col. 2009).

-Control de estrés

Algunas PGPRs como *Enterobacter* spp. (Ping y Boland 2004) contienen la enzima 1-aminociclopropano-1- carboxilato (ACC) deaminasa que facilita el crecimiento y desarrollo de la planta mediante la disminución de los niveles de etileno en plantas. Tales bacterias toman el precursor del etileno (ACC) para convertirlo en 2-oxobutanoato y NH3. Varias formas de estrés son desahogadas por la producción de ACC deaminasa, tales como los efectos de las bacterias fitopatógenas y la resistencia al estrés por hidrocarburos poliaromáticos, metales pesados como el Ca^{2+} y Ni^{2+} y resistencia al estrés salino y desecación (Glick y col. 2007).

4.3.2 Promoción del crecimiento vegetal de forma indirecta

Como ya lo hemos dicho con anterioridad, las PGPRs provocan el crecimiento de las plantas por mecanismos directos e indirectos, ahora bien, en los mecanismos indirectos está involucrada la habilidad de las bacterias PGPRs para reducir el crecimiento de organismos deletéreos para las plantas. Las PGPRs indirectamente pueden provocar el crecimiento de la planta vía la supresión del crecimiento de fitopatógenos por una variada cantidad de mecanismos. Esto incluye la habilidad para sintetizar moléculas como los sideroforos que quelan el hierro dejando un ambiente rizosferico libre de hierro para los fitopatógenos y de esta manera queda debilitando su estatus nutrimental para los fitopatógenos; también tenemos la capacidad de producir metabolitos anti-fúngicos como es el caso de los antibióticos, enzimas que lisan paredes celulares, cianuros y toda clase que compuestos que desencadenan la supresión del crecimiento de organismos patógenos de plantas (Nelson 2004). Un ejemplo bien documentado es donde se demuestra la capacidad de las PGPRs para fomentar el crecimiento de plantas por estos mecanismos es el de *B. subtilis* G8; Esta bacteria aislada del suelo (En la republica popular de China) produce compuestos orgánicos volátiles anti-fúngicos. En estos experimentos se demostró que diversos organismos fitopatógenos en los que se encontraban *S. sclerotiorum* y *B. cinerea* se veían reprimidos en el crecimiento del micelio y la germinación en porcentajes muy importantes, esto debido a la exposición de los compuestos volátiles provenientes de *B. subtilis* G8. Posteriormente en este mismo trabajo, mediante un análisis cromatográfico se observo que esta bacteria sintetizaba y liberaba compuestos como alcoholes, esteres, cetonas, ácidos y aminas entre otros, que seguramente sean la causa de semejante represión vista (Liu y col. 2008).

4.4 Comunicación Bacteria-Bacteria

Las bacterias PGPRs al igual que el resto de los organismos procariotas presentan un sistema de comunicación bastante sofisticado. Uno de los paradigmas más grandes en la microbiología es la concepción de la existencia de las bacterias como organismos asociales, cuya única actividad era dividirse para generar una nueva bacteria, cada una, idéntica a la otra. Sin embargo, desde hace más de 60 años se ha sugerido que lejos de esta conducta aislada, puede existir una conducta bacteriana en grupo.

En 1962 McVittie y colaboradores, sugirieron la posibilidad de ésta forma de comunicación durante el proceso de formación del cuerpo fructífero en *Myxococcus xanthus* (McVittie y col. 1962). A ellos siguió la evidencia de una posible molécula señalizadora en Neumococos, la cual era liberada al medio de una manera dependiente de la densidad celular y a la que relacionaron con el fenómeno por el cual este organismo incorporaba DNA exógeno, llamado competencia, haciendo una analogía de este sistema de comunicación al de las hormonas en organismos superiores. De esta forma se fueron identificando otros mecanismos similares que comprobaron que las bacterias se comunican entre sí.

En 1994, Fuqua y colaboradores usaron el término "quórum sensing" para describir un fenómeno dependiente de densidad celular (Fuqua y col. 1994). Este proceso está basado en la producción de moléculas que sirven como señales cuya concentración depende de la densidad del organismo que la produce. Una vez que estas moléculas o autoinductores alcanzan el umbral de detección, inducen diferentes fenómenos en la célula.

Existen diferentes formas de comunicarse con las demás bacterias, básicamente estas se agrupan en dos: una es la comunicación vía péptidos y la otra es la comunicación a través de acilo homoserina lactonas (AHLs), lenguajes usados por bacterias gran positivas y proteobacterias respectivamente (Reading y Sperandio 2006), ambas moléculas son llamadas autoinductores.

Muchas bacterias sólo expresan patogenicidad (factores de virulencia) cuando se encuentran en una gran densidad de células bacterianas, cuando el nivel de detección de quórum de moléculas tales como las AHLs se acumulan y es elevado en el medio. Las AHLs se requieren por ejemplo, para la síntesis de enzimas que degradan la pared de las células que el patógeno *Erwinia carotovora* utiliza. La interferencia de señales es un mecanismo de control biológico basado en la degradación de la AHL, por ejemplo las AHL-lactonasas de las cepas de *B. thuringiensis* hidrolizan el anillo de lactona o por las AHL-acilasas que rompen el enlace amida. Recientemente, se ha demostrado que AHL-acilasas juegan un papel en la formación de biopelículas. La falta de formación del biopelículas probablemente hace más fácil control biológico (Shephard y Lindow 2008; Lugtenberg y col. 2009) (Figura 3).

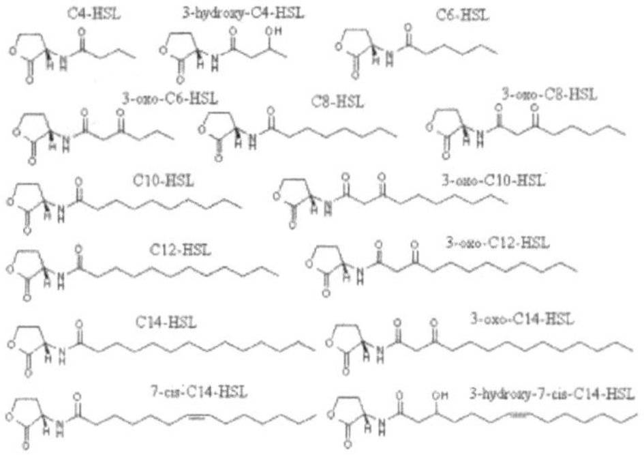

Figura 3. Diversos autoinductores usados en bacterias Gram negativas.

4.5 Importancia de las plantas leguminosas en el consumo humano

Las plantas leguminosas y cereales han suministrado al hombre las primeras plantas cultivables. Hace unos diez mil años en la zona del cercano oriente, existía una asociación entre ciertas semillas (trigo, cebada, lenteja, yeros y guisantes) y los asentamientos humanos, que era un indicativo de una recolección preferencial: el primer paso hacia el nacimiento de la Agricultura. Los restos fósiles de semillas de trigo, cebada, lentejas y guisantes de hace ocho mil años indican que ya se encontraban domesticadas por el hombre, domesticación que alcanza a las habas en el cuarto milenio a. de C. Las leguminosas también aparecen pronto en la agricultura del nuevo mundo (4000 a. de C.), precediendo en casi mil años al maíz (Gutteridge y Shelton 1998).

Los antiguos egipcios tuvieron en alta estima a las lentejas, cultivándolas extensamente y con mucho cuidado. Fueron también muy apreciadas por los romanos; se dice que en el barco especial en que se transportó un obelisco desde Egipto a Roma, durante el reinado de Calígula, se transportaron 840 toneladas de lentejas.

Se les ha llamado a las leguminosas secas "la carne del pobre", designación que tiene interés desde varios puntos de vista. En primer lugar, por su alto contenido proteínico (la mayor parte de las leguminosas sobrepasan el 20% de proteínas en sus semillas). Ya en tiempos medievales la iglesia recomendaba el consumo de legumbres en época cuaresmal (Gutteridge y Shelton 1998; Caddel y col. 2000).

En segundo lugar, se asocian las leguminosas con la idea de pobreza frente al consumo de carne animal, símbolo de riqueza. Esta asociación viene de la antigüedad, siendo conocida y familiar en la antigua Grecia clásica.

En tercer lugar la expresión "carne de pobre" es despectiva en el sentido de que constituye un alimento de "segunda clase". En la Biblia (Gén. 25, 34 y ss.) Esaú vende sus derechos de primogenitura (algo tan importante) por un plato de lentejas (poco importante). En cambio cuando van a obtener la bendición de Isaac, le preparan un "guiso sabroso" hecho carne. También es la Biblia la que recoge el primer experimento dietético realizado con seres humanos alrededor del año 600 a. de C. (Gutteridge y Shelton 1998; Caddel y col. 2000).

Actualmente, el consumo de leguminosas varía desde los 3 gramos/persona/ida en Suecia, Alemania, etc. y los 71 gramos en la India. Este consumo es inverso al consumo de proteínas de origen animal.

Según los datos de la FAO, en Estados Unidos e Italia, el consumo de leguminosas desciende con el aumento de los ingresos. En Austria, Alemania, Países Bajos, Noruega y la mayoría de los países de Europa Central y Septentrional, el pequeño consumo de las leguminosas no está influido por los ingresos. En la India, Japón y otros países asiáticos el consumo de leguminosas es mayor en los grupos de rentas elevadas que en las mas inferiores. Encuestas realizadas sobre las tendencias en Colombia parecen indicar mayor consumo en familias más ricas (Gutteridge y Shelton 1998; Caddel y col. 2000).

Las leguminosas, junto con los cereales, algunas frutas y raíces tropicales, han sido la base esencial de la alimentación humana por milenios, siendo el uso de las leguminosas, en sus múltiples formas, compañero inseparable de la evolución del hombre. Son muchos los factores que contribuyen a este hecho.

El número de especies de la familia es de casi 20.000. La enorme variabilidad de formas y estrategias adoptadas ha permitido a sus especies adaptarse a las condiciones ecológicas más diversas que van desde los trópicos de África, Asia y América a zonas templadas e incluso frías. La familia Leguminosae que está presente en zonas áridas tiene también especies acuáticas. Sus representantes se encuentran tanto en altitudes inferiores a cero, como en lugares casi inaccesibles de los Andes (Gutteridge y Shelton 1998; Graham y Vance 2003).

El elevado contenido protéico en el grano de algunas especies de leguminosas, convierte esta familia en la principal fuente de proteína vegetal para la mayor parte de herbívoros y omnívoros, y entre estos últimos, para el hombre. La capacidad de tantas leguminosas de establecer una relación simbiótica con microorganismos capaces de fijar el nitrógeno atmosférico y transformarlo en modo asimilable por las plantas, permite la colonización natural de suelos que, de otro modo, permanecerían casi despoblados. Esa característica no solo beneficia a las leguminosas que la poseen, sino a las gramíneas y otras familias que crecen a un lado. Esta asociación es esencial en los grandes prados naturales y artificiales sobre los que se basa la ganadería mundial. La parte de la planta consumida en alimentación animal y humana varía entre las distintas especies de leguminosas. En la mayor parte de los casos, la parte comestible coincide con la utilizada por la planta como almacén de sustancias de reserva. La gran variación existente en la parte consumida, es una consecuencia de la diversidad de estrategias utilizadas por las leguminosas para su adaptación a los medios más diversos a los que hemos mencionado (Gutteridge y Shelton 1998; Graham y Vance 2003).

4.5.1 Importancia de la alfalfa en el contexto de consumo de leguminosas

La alfalfa (*Medicago sativa*) es fundamental en la alimentación del ganado (Michaud y col. 1988) (Tabla 2).

La alfalfa es un recurso importante en la producción agropecuaria en las regiones templadas del mundo. Su calidad nutritiva, producción de forraje, hábito de crecimiento, perennidad, plasticidad y capacidad de fijación simbiótica de nitrógeno atmosférico, la convierten en una especie esencial para muchos sistemas de producción agropecuaria, desde los intensivos a corral que la incluyen en la dieta animal como forraje cosechado y procesado, hasta los pastoriles que la utilizan en pastoreo directo (Roberto y Viglizzo 1993).

En países donde las producciones de leche y carne son relevantes, esta especie forrajera es básica en la alimentación. Sin embargo, la dimensión real de su valor surge cuando se considera, además, el rol de esta leguminosa en la sustentabilidad de los sistemas de producción, por su función en la recuperación de la fertilidad y estabilidad edáfica (Crookston, 1984).

La superficie cubierta por alfalfa en pasturas puras y asociadas con gramíneas es variable en diferentes países y su determinación ambigua. Los precios de los productos agropecuarios (carne, leche y granos) tienen el mayor efecto sobre el aumento o disminución de dicha superficie.

PAIS	SUPERFICIE (Miles de Ha)
Italia	2000
Francia	1500
España	329
Grecia	180
Turquía	74
Argelia	6
Israel	3

Tabla 2. Cultivo de alfalfa en países mediterráneos (www.infoagro.com/herbaceos/forrajes/alfalfa.htm)

Es un cultivo que permite aumentar la carga animal, mejorar la ganancia en peso o el rendimiento en producción individual de leche. Conociendo sus aspectos más básicos, la importancia del cultivo y su historia, es fácil inferir la trascendencia de la necesidad de la producción de esta leguminosa y el valor económico y social que ello puede representar para una región (D'Attellis, 2005).

4.6 Comunicación Plantas-Bacterias

Las plantas Leguminosas también están implicadas en otros aspectos biológicos, ya que pueden percibir y responder a los autoinductores producidos por las bacterias. Mathesius y colaboradores realizaron un análisis del proteoma de la leguminosa Medicago truncatula, y se observo que esta planta es capaz de detectar concentraciones micromolares de AHLs provenientes tanto de bacterias simbiontes como *Sinorhizobium meliloti* o de fitopatógenos como *Pseudomonas aeruginosa*, además de esto, se vio que éstas plantas responden de manera global en importantes cambios como la acumulación de más de 150 proteínas. Las AHLs también indujeron la activación de tejido específico, ya que se observo una mayor actividad de auxinas, tres distintos promotores a chalcona sintasa y proteínas relacionadas con la síntesis de flavonoides, esto solo en presencia de los autoinductores bacterianos. Estos resultados indican que las estas plantas tienen una amplia gama de respuestas funcionales a AHLs bacterianos y que pueden desempeñar un papel importante en las interacciones eucariota-procariota (Mathesius y col. 2003).

De manera muy parecida plántulas de chícharo (*Pisum sativum*) también reaccionan a la presencia de AHLs bacterianos. Exudados de ésta plántula se vio que presenta varios compuestos que mimetizan los autoinductores bacterianos, ya que tanto las plántulas, las semillas y los exudados de ambos al estar en presencia de la cepa de *C. violaceum* CV026 se reprime el umbral de detección de quórum sensing, estimulando la conducta en unas cepas e inhibiéndola en otras dependiendo del autoinductor que ésta utilice. La naturaleza química de estos compuestos activos no se pudo determinar, pero si se sabe que son compuestos orgánicos de la misma naturaleza que las AHLs (Teplitski y col. 2000).

Arabidopsis thaliana también puede percibir y reaccionar a diferentes autoinductores bacterianos, encontrando cambios en el desarrollo post-embrionico de la raíz. La presencia de estos compuestos alteró el crecimiento de la raíz primaria, la formación de raíces laterales y el desarrollo de los pelos radiculares. De todas las AHLs probadas (4-14 átomos de carbono de longitud del grupo acilo) se encontró que la N-decanoil-homoserina lactona (C10-HL) fue la molécula más activa en alterar en general el desarrollo de la raíz. En primera instancia los efectos vistos en *A. thaliana* son muy parecidos a los producidos por las auxinas en la modulación del sistema radicular, pero también se rebeló que se trataba de mecanismos de señalización independientes a las auxinas. Estos resultados nos muestran como las AHLs pueden influir en el desarrollo de la raíz de *A. thaliana* y de cómo éstas plantas poseen los mecanismos necesarios para responder a estos compuestos (Ortiz-Castro y col. 2008).

4.7 *Arthrobacter agilis* UMCV2 como PGPR

En uno de nuestros trabajos anteriores, pudimos identificar diferentes cepas bacterianas con una elevada capacidad para solubilizar hierro para las plantas. Estas cepas fueron aisladas de la rizosfera de frijol (*P. vulgaris* L.) y maíz (*Z. mayz*), mediante un análisis ribosomal 16S encontramos que estas bacterias correspondían a *B. megaterium* UMCV1, *A. agilis* UMCV2, *S. maltophilia* UMCV3 y *S. maltophilia* UMCV4. De la elevada tasa de reducción del hierro, mostró que las plantas de frijol crecidas en condiciones pobres de hierro y expuestas a estas cepas, incrementaron su estatus nutricional, lo cual se vio reflejado en como aumento en el peso fresco y concentración de hierro en el tejido fresco de la planta (Valencia-Cantero y col. 2007).

En otro trabajo realizado en nuestro laboratorio se evaluó el papel que juegan estas rizobacterias ferrirreductoras en la obtención de Fe en plántulas de alfalfa (*M. sativa*) en sus primeros estadíos de crecimiento, evaluando la susceptibilidad de la alfalfa a la escasez por Fe. Al inocular las plantas de alfalfa con las distintas cepas UMCV se aprecia claramente que la rizobacteria (*Arthobacter agilis*) genera valores por encima del resto de los tratamientos y el control en cuanto a la longitud de la parte aérea y concentración de clorofila. Indicando una influencia positiva sobre la planta en presencia del hierro. En este mismo trabajo desarrollamos combinaciones entre las diferentes cepas encontradas y vimos que todos los consorcios en donde se encontraba la cepa *A. agilis* UMCV2 aumentaba el desarrollo de la planta de alfalfa en aspectos como longitud de la parte aérea y concentración de clorofila (Velázquez-Becerra 2007).

5. JUSTIFICACION

Las plantas leguminosas presentan la característica de producir compuestos que influyen directamente sobre la comunidad microbiana del suelo rizosférico. La planta de alfalfa y la rizobacteria *A. agilis* UMCV2 presentan una afinidad que posiblemente esté mediada por la emisión compuestos volátiles. Por tal motivo, es importante conocer cómo este tipo de compuestos provenientes tanto de plantas y de las bacterias influyen sobre el crecimiento y el establecimiento de una simbiosis, ya que el mecanismo por el cual ésto ocurre está poco claro y la elucidación de ésta información puede ser usada como una poderosa herramienta biotecnológica tanto para el control de organismos deletéreos para las plantas como para fomentar su rendimiento.

6. HIPOTESIS

Existe una comunicación bioquímica entre plantas de *Medicago* spp. y la bacteria *Arthrobacter agilis*, en la cual está involucrada la emición de compuestos volátiles, propiciando cambios morfológicos de la raíz y desarrollo general de la planta.

7. OBJETIVO GENERAL

Investigar el efecto de la inoculación de *Arthrobacter agilis* UMCV2 en el crecimiento y desarrollo de plántulas de *Medicago sativa* y *Medicago truncatula* crecidas en sistemas *in vitro*, así como el efecto de los compuestos orgánicos volátiles producidos por ésta rizobacteria sobre ambos organismos.

8. OBJETIVOS PARTICULARES

-Determinar la existencia de la interacción entre la rizobacteria *A. agilis* con la planta de *M. sativa* y *M. truncatula* mediada por un posible mecanismo de señalización química.

-Identificar los efectos producidos por los compuestos orgánicos volátiles en plántulas de *M. sativa*.

-Realizar y analizar el perfil de los compuestos orgánicos volátiles emitidos por *A. agilis* UMCV2 en presencia de plantas del genero *Medicago*.

Identificar uno o más compuestos orgánicos volátiles con efecto sobre el desarrollo de la plantas del género *Medicago* y la bacteria *A. agilis*.

9. RESULTADOS

Capítulo I

El artículo completo se encuentra disponible en: Plant Soil (2011) DOI 10.1007/s11104-010-0583-z

A volatile organic compound analysis from *Arthrobacter agilis* identifies dimethylhexadecylamine, an amino-containing lipid modulating bacterial growth and *Medicago sativa* morphogenesis in vitro

Crisanto Velázquez-Becerra · Lourdes Iveth Macías-Rodríguez · José López-Bucio · Josué Altamirano-Hernández · Idolina Flores-Cortez · Eduardo Valencia-Cantero

Received: 8 July 2010 / Accepted: 16 September 2010 / Published online: 28 September 2010

Abstract Plant growth promoting rhizobacteria (PGPR) stimulate plant growth and development by different mechanisms, including the production of different classes of signaling molecules, which may directly affect plant morphogenesis. Here, we report the effects of inoculation of *Arthrobacter agilis* UMCV2, a PGPR isolated from the rhizosphere of maize plants on growth and development of *Medicago sativa* seedlings. *A. agilis* UMCV2 inoculation promoted growth in *M. sativa* plants as revealed by increased stem length, root length and plant biomass. Inoculation of *A. agilis* using divided Petri plates decreased taproot growth and increased lateral root formation in plants grown in separate compartments suggesting a role of volatile organic compounds (VOCs) produced by this bacterium in root development. The analysis of VOCs produced by *A. agilis* UMCV2 identified N,N-dimethyl-hexadecanamine (dimethylhexadecylamine), an amino lipid structurally related to bacterial quorum-sensing signals, which modulated *A. agilis* UMCV2 growth and plant development in a dose-dependent way. Taken together, our results indicate that bacterial VOCs can be perceived by legume plants to modulate growth and morphogenetic processes and identify a novel signaling molecule potentially involved in plant-rhizobacterial interactions.

Keywords Legume plants · *Arthrobacter agilis* · Dimethylhexadecylamine · Root development

Responsible Editor: Jorge Vivanco.

Electronic supplementary material The online version of this article (doi:10.1007/s11104-010-0583-z) contains supplementary material, which is available to authorized users.

C. Velázquez-Becerra · L. I. Macías-Rodríguez ·
J. López-Bucio · J. Altamirano-Hernández ·
I. Flores-Cortez · E. Valencia-Cantero (✉)
Instituto de Investigaciones Químico-Biológicas,
Universidad Michoacana de San Nicolás de Hidalgo,
Edificio B5, Ciudad Universitaria,
C. P. 58030 Morelia, Michoacán, Mexico
e-mail: vcantero@umich.mx

Introduction

The rhizosphere is a unique environment formed at the interface of plant roots and the soil. Myriads of microorganisms proliferate in such region, which can affect plant growth and development. The interaction of plants with microbes can be classified as positive, negative or neutral regarding their effects on the interacting organisms (Campbell and Greaves 1990). Plants invest high proportions of their photosynthetically fixed carbon to produce root exudates, some of which modify the rhizosphere, increasing nutrient availability and exerting an attracting effect over bacterial populations (Badri and Vivanco 2009). Some of these bacteria may positively contribute to plant growth and are collectively termed Plant Growth Promoting Rhizobacteria (PGPR) (Persello-Cartieaux et al. 2003).

10. RESULTADOS Capítulo II

LA PLANTA LEGUMINOSA *Medicago truncatula* y LA RIZOBACTERIA *Arthrobacter agilis* SE PERCIBEN MUTUAMENTE POR MEDIO DE SUS COMPUESTOS ORGÁNICOS VOLÁTILES

LA PLANTA LEGUMINOSA *Medicago truncatula* y LA RIZOBACTERIA *Arthrobacter agilis* SE PERCIBEN MUTUAMENTE POR MEDIO DE SUS COMPUESTOS ORGÁNICOS VOLÁTILES

Crisanto Velázquez-Becerra[1], Lourdes I. Macías-Rodríguez[1], Idolina Flores- Cortez[1], José López-Bucio[1] y Eduardo Valencia-Cantero[1] ✉

[1] IIQB-Universidad Michoacana de San Nicolás de Hidalgo. Edificio B5; Ciudad Universitaria. C.P. 58030 Morelia; Michoacán, México; Tel.:5.443.3265788; Fax: 5.443.3265788.
Email: ✉ vcantero@umich.mx.

Resumen

Las rizobacterias promotoras del crecimiento vegetal (PGPRs) son bacterias que colonizan las raíces de las plantas e inducen un mayor crecimiento de las mismas, por lo que la relación planta-microorganismo que se establece es considerada benéfica. Para el establecimiento de la de la relación actualmente se considera que existe una comunicación química entre plantas y microorganismos. En el presente trabajo se muestra que la PGPR *Arthrobacter agilis* UMCV2 promueve el crecimiento de la leguminosa *Medicago truncatula* al tiempo que mejora su estatus nutrimental por hierro. Un análisis de los compuestos orgánicos volátiles (VOCs) producidos por *A. agilis* y *M. truncatula* en sistemas *in vitro* por separado y en un sistema donde solamente interaccionan por medio del espacio gaseoso, muestra una producción diferencial de VOCs de cada organismo en presencia de su contraparte, de esta forma *M. truncatula* deja de emitir VOCs con propiedades antimicrobianas como el carvol y el eucaliptol, y *A. agilis* incrementa su producción de dimetilhexadecilamina, un compuesto con probado efecto promotor del crecimiento vegetal. Con estos datos nosotros proponemos que *M. truncatula* y *A. agilis* son capaces de reconocerse mutuamente por medio de la emisión de VOCs.

Palabras clave: Compuestos orgánicos volátiles, interacción planta-microorganismo, dimetilhexadecilamina.

INTRODUCCIÓN

El sistema radicular de las plantas es una estructura que funciona para el anclaje al suelo, toma de agua y nutrientes, además presenta la característica de liberar diferentes compuestos en diferente área y con diferente intensidad en la zona denominada rizosfera (Bais y col. 2006). La rizosfera es una espacio entre el suelo y la raíz que está influida de manera directa por los exudados de la planta, en esta zona también se encuentran microorganismos como las rizobacterias promotoras del crecimiento vegetal (PGPRs por sus siglas en ingles) que son capaces de estimular el crecimiento y desarrollo de las plantas (de la Peña y col. 2008).

La naturaleza de los exudados vegetales puede ser muy variada, básicamente se pueden categorizar en 3 tipos: (1) compuestos de bajo peso molecular (aminoácidos, iones, oxigeno libre, agua, ácidos orgánicos, azúcares, fenóles, vitaminas y fitosideroforos), (2) alto peso molecular (mucilagos (polisacáridos) y proteínas) y (3) compuestos orgánicos volátiles o (VOCs) (Alcoholes, aldehídos, cetonas y CO_2 entre otros). Los VOCs son definidos como todos aquellos compuestos que presentan una presión de vapor de 0.01 kPa o más a 293.15 K (20ºC) a (Insam y Seewald 2010), lo que resulta en que se volatilizan a temperatura ambiente.

Los VOCs pueden ser liberados de manera constitutiva o bajo condiciones de estrés biótico o abiótico y ser usados por las plantas como mediadores de una comunicación entre organismos del mismo o diferente reino. Juega un papel fundamental en repeler el ataque que organismos deletéreos o para el establecimiento de una simbiosis (Walker y col. 2003; Bais y col. 2006).

Las PGPRs también participan en el bienestar de las plantas mediante la emisión de VOCs, ya que se ha visto que la liberación de compuestos como amonio, cianuro de hidrogeno, alcoholes y otros tienen una repercusión directa sobre la antibiosis y biocontrol sobre fitopatógenos. Además, la emisión de volátiles bacterianos también tienen un papel participativo en la inducción en las plantas de un fenómeno llamado resistencia sistémica inducida (RSI) (Rudrappa y col. 2010). Esta aparece cuando el mecanismo de defensa de las plantas es estimulado y preparado para resistir la infección de patógenos. Ryu y colaboradores (2003b) encontraron que la emisión de volátiles secretados por *B. subtilis* GB03 y *B. amyloliquefaciens* IN937a mostraron la capacidad de propiciar una RSI en plántulas de *A. thaliana*, inducida bajo la presencia de la bacteria fitopatógena *Erwinia canotovora* subsp. *carotovora*.

Para conocer como los VOC de PGPRs pueden generar una promoción del crecimiento en las plantas, Zhang y colaboradores (2007) examinaron los niveles de RNAm en plántulas de *A. thaliana* expuestas a los volátiles de la bacteria GB03. El autor observo un incremento de más de 26 mil transcritos que codifican a proteínas, muchos de ellos relacionados con modificaciones en la pared celular, metabolismo primario y secundario y la homeostasis de auxinas, mostrando así que los VOCs bacterianos influyen directamente en las rutas metabólicas involucradas en la morfogénesis de las plantas. Anteriormente ya había sido mostrado que la planta leguminosa *Medicago truncatula* es capáz de percibir Acilo homoserina lactonas (AHLs) producidas por bacterias y reaccionar de manera diferencial dependiendo de si el compuesto es producido por una PGPR o una bacteria fitopatógena (Mathesius y col, 2003), lo que perfila la posibilidad de un dialogo bioquímico muy extenso entre bacterias y plantas.

Arthrobacter agilis UMCV2 es una rizobacteria capaz de promover el crecimiento de las leguminosas frijol (*Phaseolus vulgaris*) y alfalfa (*Medicago sativa*) cuando se le inocula en las raíces de estas plantas (Valencia-Cantero y col 2007; Velázquez Becerra 2007), y un trabajo reciente de nuestro grupo de investigación mostró que *A. agilis* UMCV2 produce dimetilhexadecilamina, un compuesto volátil estructuralmente relacionado a las AHLs y capáz de promover el crecimiento vegetal de *M. sativa* (Velázquez-Becerra y col. 2011).

En el presente trabajo estudiamos la interacción *M. truncatula-A. agilis* UMCV2 mediada por la emisión de VOCs y mostramos evidencia de un reconocimiento mutuo entre la planta y la bacteria.

MATERIALES Y MÉTODOS

Material Vegetal.

Se usaron semillas de plantas leguminosas de *Medicago truncatula* A17 Jemalong, proporcionadas por la Universidad Nacional Autónoma de México - Centro de Ciencias Genómicas, Av. Universidad s/n Col. Chamilpa 62210, Cuernavaca, Mor. Las semillas se almacenaron a 4 ºC hasta su uso.

Cepas Bacterianas.

Se utilizó la cepa *Arthrobacter agilis* UMCV2, aislada de suelo ligeramente ácido pH 6.8 (Valencia-Cantero y col. 2007), conservada en glicerol al 40 % a -20 ºC hasta su huso.

Efecto de UMCV2 sobre el crecimiento de *Medicago truncatula*.

Las semillas de *Medicago truncatula* se esterilizaron superficialmente con ácido sulfúrico concentrado por 8 min, se enjuagaro con agua corriente, se agregó hipoclorito de sodio por 2 min y se vuelvió a enjuagar 5 veces con agua estéril. Las semillas de colocaron en cajas de petri con agar-agua a 4 ºC por 48 hrs y después se colocaron en una cámara de crecimiento con un fotoperiodo de 16 hrs luz/8 hrs oscuridad, intensidad de luz 200 µmol m2 s^{-1}a 22-23 ºC hasta su germinación. Los germinados se colocaron en frascos de vidrio de 18 cm de alto y 9 cm de diámetro con 200 ml de medio nutritivo de Hoagland más 6 g agar de micropropagación por litro. Después de 11 días a la mitad de los tratamientos frascos se les colocó un plato de 3 cm de diámetro con agar nutritivo (AN) inoculado con la bacteria *A. agilis* UMCV2, a la otra mitad de los frascos se les colocó en plato sin inocular. El experimento se mantiene hasta que las plantas cumplieron 25 días de edad.

Después de este tiempo, las plantas fueron medidas y pesadas. La concentración de clorofila en los brotes de la planta se determinó por método espectrofotométrico. Al momento de la determinación, los brotes de las plantas fueron cosechados y pesados en balanza analítica, e inmediatamente macerados con nitrógeno líquido y 5 mL de una mezcla de acetona/etanol al 80/20 % (V/V) en un mortero. Las muestras fueron filtradas con papel filtro Whatman No. 4. Se determinó la absorbancia de las muestras a 663 y 665 nm para calcular la concentración de clorofila a y clorofila b con base en los coeficientes de extinsión de Jeffrey and Humphrey (1975). La concentración de clorofila se reportó como la suma de la clorofila a y la clorofila b.

Análisis de compuestos volátiles.

Para el análisis cromatográfico se montaron los siguientes tratamientos:

1- **VOCs de la Bacteria**. Cajas de petri con AN nutritivo donde de creció la cepa UMCV2 durante 4 días.
2- **VOCs de la planta**. Frascos de 1 L de volumen con 200 ml de medio nutritivo de Hoagland mas 6 g agar de micropropagación donde creció la planta de *Medicago truncatula*, tal como se explica en el segmento anterior.
3- **VOCs de la interacción planta-bacteria**. Frascos de 1 L de volumen con 200 ml de medio nutritivo de Hoagland mas 6 g agar de micropropagación donde crece la planta de *Medicago truncatula* con bacteria *A. agilis* UMCV2, tal como se explica en el segmento anterior.
4- **Controles**. Además se analizaron cada uno de los medios de cultivo por separado para ser descartados en la tabla final de resultados.

El análisis se realizo con la técnica de microextracción en fase sólida o SPME (por sus siglas en inglés), colocando la fibra azul (PDMS/DVB) (Supelco,Inc., Bellafonte, PA, U.S.A.) por 30 min a 30 °C, posteriormente es desorbido por 30 s en puerto de inyección del cromatografo de gases acoplado a espectrómetro de masas (Agilent 6850 Series II; Agilent, Foster City, CA, U.S.A.). La columna capilar es de 25 m × 0.52 mm, grosor de 0.32 µm (HP-FFAP, Agilent), se uso helio (1 ml/min) como gas acarreador. Las rampas de temperatura fueron las siguientes: Tiempo inicial 40 °C, tiempo1 3 min, R1 3°C/min, tiempo final 180 °C, tiempo2 5 min, tiempo post-corrida 230 °C/3min, tiempo máximo 240 °C, tiempo de equilibrio 3min. El tiempo de corrida es de 57 min.

Los tratamientos se muestrearon a los 23 y 25 días de germinada la semilla de *M. truncatula.*

Análisis estadístico.

Todos los experimentos se realizaron en replicas de 4 y cada experimento se realizo al menos 2 veces cada experimento. Se uso el paquete estadístico STATISTICA de startsoft, aplicando un análisis de varianza seguida de una prueba de rango múltiple de Duncan (significancia de 0.05).

RESULTADOS Y DISCUSIÓN

Con la idea de extender a otra planta leguminosa nuestros resultados previos que muestran la estimulación de crecimiento de *M. sativa* por los VOCs de *A. agilis* UMCV2 (Velázquez-Becerra y col., 2011) y explorar la hipótesis de un reconocimiento plantas leguminosas con bacterias mediante la emisión de compuestos volátiles, se efectuaron experimentos de interacción planta-bacteria empleando *M. truncatula* y *A. agilis* UMCV2. Se empleó un sistema consistente en en francos de 1 L de volumen, donde las plantas no estuvieran sometidas a estrés por falta de espacio. Cuando las plantas tuvieron 11 días de edad se introdujo un pequeño plato de agar nutritivo inoculado (o no inoculado en el caso de los controles) con *A. agilis* UMCV2 y el experimento se mantuvo por 25 días. De esta manera se evitó el contacto directo entre planta y bacteria pero se logró que los VOCs producidos por la bacteria interactuaran con la planta y viceversa.

Efecto de los VOCs de *A. agilis* UMCV2 sobre el desarrollo de *M. truncatula.*

En estas condiciones fue notorio que los VOCs bacterianos causaron un efecto estimulatorio del crecimiento en los brotes aéreos de las plantas, medido como longitud de los tallos (Figura 1a, 1d y 1e) y más claramente como biomasa de las plantas, siendo que las plantas crecidas en interacción con los VOCs bacterianos tuvieron alrededor de un 30% más de peso fresco que las plantas control (Figura 1b).

En *A. thaliana* bacterias como *B. subtilis* GB03 y *B. amyloliquefaciens* IN937a también promueven el crecimiento vegetal mediante la emisión VOCs, tales como el 2,3-butanediol y acetoina (Ryu y col. 2003). La naturaleza de los compuestos y la variedad de las bacterias que alteran el crecimiento vegetal puede ser muy variada. Volátiles de *P. fluorescens* L13-6-12, *S. maltophilia* R3089 que también alteran el crecimiento vegetal, en especial el peso fresco de las hojas de *A. thaliana* (Vespermann y col. 2007, Tarkka y Piechulla 2007, Kai y col. 2008).

Un trabajo previo realizado en nuestro grupo de investigación muestra que *A. agilis* UMCV2 produce el VOCs capaces de de promover el crecimiento vegetal de *M. sativa* medido como producción de biomasa y que adicionalmente modifica la estructura de la raíz de esta planta (Velázquez-Becerra y col., 2011). Con el presente trabajo confirmamos que el efecto promotor del crecimiento producido por los VOCs de *A. agilis* UMCV2 puede ser extendido a otras plantas leguminosas como *M. truncatula*.

Otra característica que resultó evidente en las plantas crecidas en presencia de las bacterias fue un aumento en la concentración de clorofila que fue de prácticamente el doble de la encontrada en las plantas control (Figura 1c). Esto último fue especialmente interesante, dado que la concentración de clorofila es considerada como un indicador del estatus nutrimental del hierro en las plantas (Terry y Abadía 1986; Masalha y col., 2000).

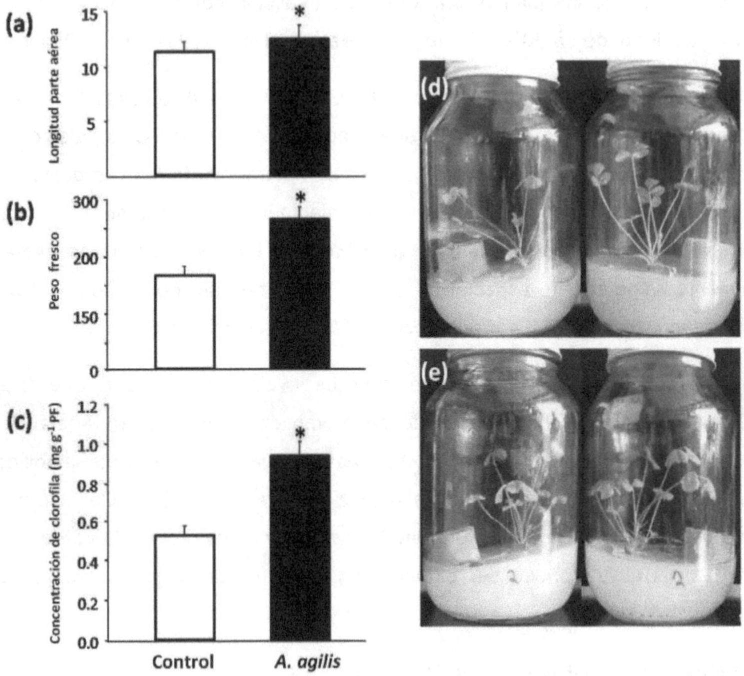

Figura 1. Efecto de los VOCs de *A. agilis* sobre el crecimiento de *M. truncatula*. (a) Longitud de la parte aérea, (b) Peso fresco, (c) Concentración de clorofila, (d) imágenes representativas del tratamiento control y (e) imágenes representativas del tratamiento inoculado con *A. agilis*. Los asteriscos muestran diferencias significativas.

Un efecto paralelo fue reportado por Zhang y colaboradores en 2009 pero en plantas de *A. thaliana* y empleando la bacteria *B. subtilis* GB03. No obstante que capa bacteriana GB03 se caracteriza por promover el crecimiento de Arabidopsis vía la producción de los VOCs 2,3-butanediol y la acetoina (Ryu y col. 2003), Zhang y colaboradores (2009) muestran que el aumento en la concentración de clorofila en las plantas es debido a un aumento en las expresión de los genes *FRO2* e *IRT1*, (requeridos para la reducción y captación de hierro por parte de las plantas), y que está relacionada con una acidificación del medio por el efecto de compuestos volátiles ácidos, probablemente ácido glioxílico, ácido metil butanoico y ácido dietil acético. En un trabajo distinto, se muestra que los VOCs de esta misma cepa inducen la acumulación de aceites esenciales y promoción del crecimiento cuantificada como aumento de área foliar y peso fresco en plantas de *Ocimum basilicum* pero sin identificar el compuesto responsable o el mecanismo de acción involucrados (Banchio y col. 2009). En nuestro caso, fue imposible encontrar una variación en el pH del medio debido a la presencia de la bacteria en cualquiera de los experimentos (natos no mostrados).

Como se menciona a continuación en los experimentos en el sistema *A. agilis-M. truncatula* se determinaron los VOCs sin encontrarse el ácido glioxílico, ácido metil butanoico ó el ácido dietil acético. Sin embargo no se descarta que el aumento en la concentración de la clorofila en plantas de *M. truncatula* sea debida a un variación en la expresión de genes relacionados a la toma de Fe por las plantas inducida por VOCs.

Compuestos volátiles encontrados en la interacción planta-bacteria.

Con el análisis cromatográfico realizado a los cultivos bacterianos, a la planta en condiciones axénicas y al sitema de intreracción *M. truncatula – A. agilis* UMCV2 se identificaron una importante gama de VOCs. En la mezcla de compuestos emitidos por la bacteria *A agilis* UMCV2 encontramos al ácido acético, al octanol, el 2,4-Di-tertbutil-fenol y la N,N-dimetill-1-Hexadecanamina (Tabla 1), que han sido reportados previamente como VOCs de origen bacteriano (Xu y col. 2004; Liu y col. 2008).

En especial la N,N-dimetill-1-Hexadecanamina (dimetilhexadecilamina) fue encontrada dentro del perfil de VOCs producidos por *A. agilis* UMCV2 en un trabajo previo y se había demostrado su actividad como molécula moduladora del crecimiento de *M. sativa* (Velázquez-Becerra et al., 2011).

Tabla 1. VOCs producidos por *A. agilis* UMCV2, *M. truncatula* y *A. agilis-M. truncatula*

Compuestos	Cantidad normalizada de compuesto volátil (%)[a]		
	A. agilis AN	*M. truncatula*	*A. agilis* × *M. truncatula*[b]
3-Ciclohepten-1-ona	0	2.3	3.3
Dimetil disulfuro	0	0	15.4
3-Heptanona	0	0	1.7
2-Etil hexanal	0	0	1.8
Eucaliptol	0	1.3	0
4-Octanona	0	0	0.6
3-Octanona	0	0	4.1
2-Octanona	0	0	0.5
2,5-Dimetil pirazina	23.57	0	0
Dimetil trisulfuro	0	0	10.5
Nonanal	0	0	1.1
1,4-Dicloro benzeno	0	0	13.2
Acido acético	13.48	3.4	0.6
1-Octen-3-ol	0	3.8	0.6
1,2,3,4-Tetrahidro naftaleno	0	1.1	0.4
2-Etil 1-hexanol	0	34.8	16.9
1-Octanol	0	3.9	0.3
2-Decenal	0	11.4	0.3
p-Metil-1-en-octenol	0	4.3	0.6
Carvol	0	1.3	0
2-Dodecenal	0	1.9	0
2,6-Di-tert-butil-4-sec-butylfenol	0	0	1.3
Feniletil alcohol	0	0	1.0
1-Dodecanol	0	28.7	1.1
N,N-dimetill-1-Hexadecanamina	2.14	0	8.4
3-Metil quinolina	10.60	0	0
4-Octadecil morfolina	0	0	4.5
1-Hexadecanol	0	1.6	0.2
p-Amino acetofenona	0	0	0.8
1-Metil silatrano	0	0	0.3
2,5-Di-tertbutil fenol	0	0	0.4
2,4-Di-tertbutil-fenol	50.20	0	0.2
2-Morfolinometil-1,3-difenil-2-propanol	0	0 0	8.7
2-Hexadecanol	0	0 0	0.5
Ácido benzoico	0	0 0	0.3

[a] Cantidad normalizada de compuesto volátil = (área del pico de compuesto volátil) / (total del área del pico de todos los compuestos volátiles). Los valores representan los porcentajes de 4 replicas.

[b] Los valores reportados son la media de los compuestos encontrados en *A. agilis-M. truncatula* cuantificados a los 22 y 25 días después de la germinación de la semilla.

Fue en muy interesante observar que la abundancia relativa de la demetilhexadecilamina se pasara de un 2.14% en los cultivos de bacterias axénicas a 8.4% encontrada en los sistemas de interacción *M. truncatula* – *A. agilis* UMCV2, lo cual sugiere que la dimetilhexadecilamina es un compuesto de origen bacteriano que es sobreproducido cuando la bacteria percibe a la planta por medio de los VOCs que ésta emite.

Por otra parte se encontraron una serie de compuestos atribuibles a la interacción planta-microorganismo, ya que no están presentes en los tratamientos con cultivos bacterianos puros o en los tratamientos con *M. truncatula* sin la presencia de *A. agilis*. Entre estos compuestos destacamos el dimetil disulfuro y el trimetil disulfuro (Tabla 1), ambos reportados como componentes de aceites esenciales de plantas con efecto antibacteriano (Bendimerab y col. 2005), o con efectos en el control de fitopatógenos (Wang y col. 2009), el nonanal, que se sabe es producido por plantas inoculadas con hongos fue detectado en la interacción *Medicago-Arthrobacter* (Jeleń y col. 2005), este compuesto causan inhibición de bacterias como *B. cereus* o *Listeria monocytogenes* (Bisignano y col. 2001). Otro VOC producto de la interacción fue la 3-octanona que es uno de los VOC característico de los hongos pero que al igual que el 1-octen-3-ol es producido también por plantas, en especial leguminosas y que pudiera tener efecto como antibacteriano y antifúngico (Maksimović y col. 2008; Boué y col. 2005; Höckelmann y Jüttner 2004).

Ese conjunto de VOCs producto de la interacción parece indicar que *M. truncatula* reconoce y reacciona a los VOCs producidos por *A. agilis* y desencadena una respuesta defensiva, sin embargo en un sentido opuesto, también encontramos un grupo de compuestos producidos por *M. truncatula* entre los cuales está el eucaliptol (1,8-Ceneol) y carvol que están presentes en el perfil de volátiles de las plantas y que desaparecen en el perfil de volátiles de la interacción planta-microorganismo (Tabla 1). Tanto el eucaliptol y como el carvol son compuestos con potente actividad antifúngica y antibacteriana, y se ha propuesto que incluso tienen un papel en la selección de las poblaciones de rizobacterias (Karamanoli y col. 2000; Soković y van Griensven 2006; Vokou y col. 2001; Bader y col. 2007). Estos compuestos muestran que *M. truncatula* percibe la presencia de *A. agilis* UMCV2 y en respuesta, elimina la emisión de algunos VOCs. Dada la actividad antimicrobiana del carvol y el eucaloptol, cave hipotetizar que la planta percibe a *A. agilis* UMCV2 como un organismo benéfico y por tanto al entrar en contacto con los VOCs de la bacteria, abate la producción de algunos de sus propios compuestos antimicrobianos como una manera de posibilitar el establecimiento de una interacción con este microorganismo. La aparente contradicción pudiera resolverse considerando la siguiente hipótesis: *M. truncatula* al detectar la presencia de un microorganismo despliega una respuesta defensiva general contra microorganismos patógenos, pero al reconocer a *A. agilis* como PGPR, suspende la liberación de compuestos capaces de inhibir a ésta bacteria. Esta hipótesis concuerda con el hecho documentado de la capacidad de *M. truncatula* para distinguir diferentes autoinductores provenientes tanto de microorganismos patógenos como de PGPRs (de la Peña y col. 2008; Mathesius y col. 2003), pero su comprobación requiere de posteriores trabajos.

En síntesis, en el presente trabajo se mostró que los volátiles producidos por *A. agilis* son capaces de promover el crecimiento vegetal de *M. truncatula,* extendiendo a otra planta leguminosa y tiempos de desarrollo mayores en nuestras observaciones previas (Velázquez-Becerra y col., 2011), adicionalmente fue manifiesto que los VOCs de *A. agilis* UMCV2 son capaces de mejorar el estatus nutrimental del hierro en plantas de *M. truncatula* según pudo observarse por un aumento notable en la concentración de clorofila de las plantas, quedando por dilucidar el mecanismo por el que se produce este efecto. Finalmente se mostró que la PGPR *A. agilis* UMCV2 y la leguminosa *M. truncatula* son capaces de percibirse mutuamente por medio de los VOCs de su contraparte en la interacción y reaccionar a esta percepción modificando el perfil de sus propios VOCs emitidos. Con base en estos resultados proponemos que los VOCs son una categoría adicional de moléculas señalizadoras en el establecimiento de las relaciones benéficas planta-microorganismo.

AGRADECIMIENTOS: Agradecemos a la Dra. Esperanza Martínez-Romero por proporcionarnos amablemente las semillas de *M. truncatula* A17 Jemalong con que se realizó este trabajo, y al Consejo Nacional de Ciencia y Tecnología vía los proyectos 60999 (LIMR) y 128341 (EVC) por haber financiado este estudio.

LITERATURA CITADA

- **Bader** A., Panizzi L., Cioni P.I. y G. Flamini. (2007), *Achillea ligustica*: composition and antimicrobial activity of essential oils from the leaves, flowers and some pure constituents. Central European Journal of Biology 2: 206-212.
- **Bais** H.P., Weir T.L., Perry L.G., Gilroy S., y J.M. Vivanco (2006), The role of root exudates in rhizosphere interactions with plants and other organisms. Annual. Review of Plant Biology 57: 233–66.
- **Banchio** E., Xie X, Zhang H., y P.W. Paré. (2009), Soil bacteria elevate essential oil accumulation and emissions in sweet basil. Journal of Agricultural and Food Chemistry 57: 653–657.
- **Bendimerad** N., Bendiab S.A.T., Benabadji A.B., Fernandez X., Valette L. y L.L. Cuvelier (2005), Composition and antibacterial activity of *Pseudocytisus integrifolius* (Salisb.) essential oil from Algeria. Journal of agriculture and food Chemistry 53: 2947-52.
- **Bisignano** G., Laganà M.G., Trombetta D., Arena S., Nostro A., Uccella N., Mazzanti G. y A. Saija. (2001), *In vitro* antibacterial activity of some aliphatic aldehydes from *Olea europaea* L. FEMS Microbiology Letters 198: 9-13.
- **Boué** S., Shih B.Y., Carter-Wientjes C.H. y T.E. Cleveland. (2005), Effect of soybean lipoxygenase on volatile generation and inhibition of *Aspergillus flavus* mycelial growth. Journal of agriculture and food Chemistry 53: 4778-4783.
- **de la Peña** C., Lei Z., Watson B.S., Sumner L.W. y J.M. Vivanco. (2008), Root–microbe communication through protein secretion. Journal of Biological Chemistry 283: 25247–25255.
- **Hoagland**, D. R. y D. I. Arnon. (1950), The water-culture method for growing plant without soil. California. College of Agric. Univ. Circular 347.
- **Höckelmann** C. y F. Jüttner. (2004), Volatile organic compound (VOC) analysis and sources of limonene, cyclohexanone and straight chain aldehydes in axenic cultures of *Calothrix* and *Plectonema*. Water Science & Technology 49: 47–54.
- **Insam** y M.S.A. Seewald. (2010), Volatile organic compounds (VOCs) in soils. Biology and Fertility of Soils, 46:199-213.
- **Jeleń** H.H., Krawczyk J., Larsen T.O., Jarosz A. y B. Gołębniak. (2005), Main compounds responsible for off-odour of strawberries infected by *Phytophthora cactorum*. Letters in Applied Microbiology 40: 255–259.

- **Jeffrey** S.W. y G. F. Humphrey. (1975), New spectroscopic equations for determining chlorophylls a, b, c2 and c2 in higher plants, algae and natural phytoplankton. Biochemie und Physiologie der Pflanzen 167, 191-194.
- **Kai** M, Vespermann A, y B. Piechulla. (2008), The growth of fungi and *Arabidopsis thaliana* is influenced by bacterial volatiles. Plant Signal and Behavior 3:1–3.
- **Karamanoli** K., Vokou D., Menkissoglu U., y H.I. Constantinidou. (2000), Bacterial colonization of phyllosphere of mediterranean aromatic plants. Journal of Chemical Ecology 26: 2035-2048.
- **Liu** W., Wei M., Bingyu Z. y L. Feng. (2008), Antifungal activities and components of VOCs produced by *Bacillus subtilis* G8. Current Research in Bacteriology 1: 28-34.
- **Maksimović** Z., Milenković M., Vučićević D. y M. Ristić. (2008), Chemical composition and antimicrobial activity of *Thymus pannonicus* All. (*Lamiaceae*) essential oil. Central European Journal of Biology 3: 149-154.
- **Masalha** J., Kosegarten H., Elmaci O., y K. Mengel. (2000), The central role of microbial activity for iron acquisition in maize and sunflower. Biology and Fertility Soils 30: 433–4399.
- **Mathesius** U., Mulders S., Gao M., Teplitski M., Caetano-Anollés G., Rolfe B.G. y W.D. Bauer. (2003), Extensive and specific responses of a eukaryote to bacterial quorum-sensing signals. Proceedings of the National Academy of Sciences of the United States of America 100: 1444–1449.
- **Thimmaraju** R., Biedrzycki L.M, Kunjeti S.G., Donofrio N.M., Czymmek K.J., Paré P.W, y H.P. Bais. (2010), The rhizobacterial elicitor acetoin induces systemic resistance in *Arabidopsis thaliana,* Commun Integr Biol. 2010 Mar-Apr; 3(2): 130–138.
- **Ryu** C.M., Farag M.A., Hu C.H., Reddy M.S., Wei H.X., Pare P.W. y Kloepper J.W. (2003), Bacterial volatiles promote growth in *Arabidopsis. Proceedings of the* National Academy of Sciences of the United States of America 100: 4927-4932.
- **Ryu**, C. M., Farag, M.A., Hu, C.H., Reddy, M.S., Pare, P.W.y Kloepper, J.W., (2003b), Volatiles produced by PGPR elicit plant growth promotion and induced resistance in Arabidopsis. Proceedings of the Sixth International Workshop on Plant Growth Promoting Rhizobacteria pp. 436–443.
- **Soković** M. y L.J.L.D. van Griensven. (2006), Antimicrobial activity of essential oils and their components against the three major pathogens of the cultivated button mushroom, *Agaricus bisporus.* Europ. Journal of Plant Pathology 116: 211–224.
- **Tarkka** M.T., y B. Piechulla. (2007), Aromatic weapons: truffles attack plants by the production of volatiles. New Phytologist 175: 383–386.
- **Terry** N., y J. Abadia. (1986), Function of iron in chloroplasts. Journal of Plant Nutrition 9: 609–64.
- **Valencia-Cantero** E., Hernández-Calderón E., Velázquez-Becerra C., López-Meza L.E., Alfaro-Cuevas R. y López-Bucio J. (2007), Role of dissimilatory fermentative iron-reducing bacteria in Fe uptake by common bean (*Phaseolus vulgaris* L.) plants grown in alkaline soil. Plant and Soil 291, 263–273.
- **Velázquez-Becerra** C. (2007), Participación de las bacterias ferrirreductoras en el suministro de hierro a la planta de alfalfa (*Medicago sativa*) en sus primeros estadíos de crecimiento. Tesis de Maestría en Ciencias. Facultad de Biología Universidad Michoacana de San Nicolás de Hidalgo, Morelia Michoacán México. 75pp
- **Velázquez-Becerra** C., Macías-Rodríguez L.I., López-Bucio J., Altamirano-Hernández J., Flores-Cortez I. y E. Valencia-Cantero. (2011), A volatile organic compound isolated from *Arthrobacter agilis* modulates growth of *Medicago sativa* in vitro. Plant and Soil 339: 329-340.

- **Vespermann** A., Kai M., y P. Piechulla. (2007), Rhizobacterial volatiles affect the growth of fungi and *Arabidopsis thaliana.* Applied and Environmental Microbiology 73: 5639–5641.
- **Vokou** D., Chalkos D., Karamanlidou G. y M. Yiangou. (2001), Activation of soil respiration and shift of the microbial population balance in soils as a response to *Lavandula stoechas* essential oil. Journal of Chemical Ecology 28: 755-768.
- **Walker** T.S., Bais H.P., Grotewold E. y J.M. Vivanco. (2003), Root exudation and rhizosphere biology. Plant Physiology. 132: 44–51.
- **Wang** D., Rose C., Kinkel L., Cao A. Tharayil N. y J. Gerik. (2009), Production of methyl sulfide and dimethyl disulfide from soil-incorporated plant materials and implications for controlling soilborne pathogens. Plant and Soil 324: 185-197.
- **Xu** C., Mo, M., Zhang, L. y K. Zhang. (2004), Soil volatile fungistasis and volatile fungistatic compounds. *Soil Biology y Biochemistry.* 36: 1997-2004.
- **Zhang** H., Kim M.S., Krishnamachari V., Payton P., Sun Y., Grimson M., Farag M.A., Ryu C.M., Allen R., Melo S. y P.W. Paré. (2007), Rhizobacterial volatile emissions regulate auxin homeostasis and cell expansion in *Arabidopsis.* Planta 226: 839–851.
- **Zhang** H., Sun Y., Xie X., Kim M.S., Dowd S.E. y P.W Paré. (2009), A soil bacterium regulates plant acquisition of iron via deficiency-inducible mechanisms. The Plant Journal 58: 568-577.

11. DISCUSION GENERAL

Arthrobacter agilis UMCV2 fue aislada en una búsqueda de cepas promotoras de crecimiento bajo condiciones de estrés por falta de hierro en la leguminosa *P. vulgaris* y en plantas de *Z. mays* (Valencia-Cantero y col. 2007). Fue seleccionada en el presente trabajo debido a su efecto en el crecimiento de *Medicago sativa* en condiciones de suficiencia de todos los nutrimentos en experimentos de inoculación directa sobre la raíz (Velázquez-Becerra 2007).

En este trabajo mostramos que plantas de *M. sativa* crecidas en cajas petri a una distancia de 3.5 cm de un inóculo de *Arthrobacter agilis* UMCV2 son afectadas en su crecimiento de forma importante o significativa. En estas condiciones, las plantas crecieron significativamente más que las plantas crecidas en cajas petri en condiciones axénicas (40% más), indicando que *A. agilis* UMCV2 se comparta como una PGPR. Fue muy interesante darse cuenta que esta promoción del crecimiento se correlacionaba con una modulación del desarrollo de la raíz, lo que incluyó la inhibición del crecimiento de la longitud de la raíz principal, y el incremento del número de raíces laterales. Otros autores (Ryu y col. 2003) mostraron que compuestos volátiles producidos por PGPRs son capaces de promover el crecimiento vegetal, por lo que fue interesante corroborar esta posibilidad para el sistema *A. agilis*-*M. sativa*.

Para este efecto se emplearon cajas Petri divididas para cultivar plantas de *M. sativa* en una de las secciones y *A. agilis* en la otra. Con este sistema se consiguió que las plantas no estuvieran en contacto directo con las bacterias y que solo el espacio gaseoso común entre los dos compartimientos sirviera para el intercambio de compuestos orgánicos volátiles (VOCs).

De esta forma, también se logró mostrar que los compuestos volátiles generados por la PGPR *Arthrobacter agilis* UMCV2 afectan el crecimiento de plantas de alfalfa de manera dependiente de la cantidad del inoculo bacteriano, y que en especial actúa de forma diferencial en la raíz y en la parte aérea de las plantas.

Un punto a destacar fue que el efecto de los volátiles bacterianos sobre las plantas dependió del desarrollo que tenía la planta al momento de ser expuesta a los volátiles bacterianos. Para mostrar esto se inoculó a *A. agilis* UMCV2 en cajas divididas que tenían plántulas con 0, 24, 48, 72 y 96 h de haber germinado, de esta manera los VOCs de *A. agilis* UMCV2, entraron en contacto con plantas que tenían distintas edades.

Los brotes aéreos de la planta tuvieron incremento significativo en su longitud a casi cualquier tiempo de inoculación, pero el incremento en la longitud fue significativamente mayor si las cajas fueron inoculadas cuando las plántulas tenían 24 h de haber germinado. Las inoculaciones más tempranas o más tardías tuvieron efectos menores. Las raíces por su parte, tuvieron un efecto muy llamativo, no se observó un aumento en la longitud pero si en el número de raíces laterales. Este efecto en las raíces secundarias, fue más marcado en plantas que tenían creciendo 48 y 72 h en cajas Petri divididas al momento de ser inoculadas, en el resto de los tratamientos las diferencias fueron menores con los controles no inoculados. Estos resultados muestran por un lado que los VOCs producidos por *Arthrobacter agilis* UMCV2 están afectando diferentes programas de desarrollo de la *M. sativa,* de esta forma, la parte apical de la planta responde de manera independiente a la parte radicular.

Por otro lado se muestra que el tiempo de inoculación tiene un efecto sobre la planta, pudiendo explicarse como un efecto del estado de desarrollo de la planta al ser expuesta al VOC. En esta hipótesis las raíces habrían detenido la elongación de la raíz primaria cuando empezaron a producir raíces secundarias, lo cual sucedería al momento de ser expuestas a los VOCs de *A. agilis* UMCV2. Las raíces expuestas al VOC a las 72 h ya habrían producido una zona de diferenciación necesaria para generar raíces secundarias como respuesta al VOC, mientras que las plantas que detuvieron su crecimiento a no lo hacen a tiempos más tempranos.

Otra explicación probable a las diferencias encontradas estaría dada por un efecto de la diferencia de concentración de los VOCs y/o un efecto del tiempo de exposición de las plantas a los VOCs.

Explorando el efecto de la concentración de los VOCs en plantas de *M. sativa*, se diseñó un experimento en el que se modificó la cantidad de inoculó inicial de *A. agilis* UMCV2 en uno de los compartimientos de la caja, como una manera de modificar la biomasa bacteriana productora de VOCs. Fue muy claro que la cantidad de bacterias tuvo un fuerte impacto en el desarrollo de las plantas, inóculos pequeños (50 µL) tuvieron efecto sobre la biomasa de la parte aérea de la planta, mientras que un inóculo mayor (100, 200 y 500 µL) provocó una disminución en la biomasa pero no la longitud de los brotes.

En cuanto a la arquitectura de la raíz, también se encontró un fuerte efecto en la densidad de raíces laterales, con una densidad de inóculo de 50 µL pero inóculos superiores provocaron densidades de raíces laterales inferiores al control no inoculado.

En general en los ensayos hechos en *M. sativa* a tiempos cortos (10 días) y en espacios limitados, fue posible observar tratamientos que mostraron una tendencia a estimular el crecimiento de los brotes no significativos en todos los casos. Como hemos mencionado ya anteriormente Ryu y colaboradores (2003) reportaron que *Bacillus subtilis* GB03 fue capaz de promover el crecimiento vegetal en Arabidopsis vía la producción del VOC 2,3-butanediol, en un sistema de compartimientos separados comparable al nuestro, en el que dosis bajas del compuesto inducen un aumento en el área foliar de las plantas mientras que dosis altas producen una ligera reducción del área foliar. Otros efectos de inhibición del crecimiento de las plantas vía VOCs bacterianos han sido reportados en sistemas que emplean *A. thaliana* y diversas bacterias (Vespermann y col. 2007; Kai y col. 2008) sin que pueda conocerse cuál es el efecto de la concentración los VOCs bacterianos en el crecimiento vegetal.

En otro de nuestros experimentos, fue realizado con un sistema de compartimientos separados en frascos de 1 L con *A. agilis* UMCV2 y la planta *M. truncatula* pero a tiempos de crecimiento de 25 días. En estas condiciones se reporta un efecto estimulador del crecimiento vegetal también en los brotes de las plantas medido como longitud y biomasa de los brotes aéreos así como de la concentración de clorofila de los mismos, concluyéndose que los VOCs de *A. agilis* UMCV2 habían promovido dichos cambios.

Un efecto paralelo fue reportado por Zhang y colaboradores en 2009 pero en plantas de *Arabidopsis thaliana* y empleando la bacteria *Bacillus subtilis* GB03. No obstante que ésta cepa bacteriana se caracteriza por promover el crecimiento de Arabidopsis vía la producción de los VOCs 2,3-butanediol y la acetoina (Ryu y col. 2003), Zhang nos muestra que el aumento en la concentración de clorofila en las plantas es debido a un aumento en las expresión de los genes *FRO2* e *IRT1*, (requeridos para la reducción y captación de Fe por parte de las plantas), y que está relacionada con una acidificación del medio por el efecto de compuestos volátiles ácidos, probablemente ácido glioxlico, ácido 3-metil butanoico y ácido acético dietil. En un trabajo reciente, se muestra que los VOCs de esta misma cepa inducen la acumulación de aceites esenciales y promoción del crecimiento medida como aumento de área foliar y peso fresco en plantas de *Ocimum basilicum* pero sin identificar el compuesto responsable o el mecanismo de acción involucrado (Banchio y col. 2009). En nuestro caso, fue imposible encontrar una variación en el pH del medio debido a la presencia de la bacteria en cualquiera de los experimentos.

En el presente trabajo se analizaron por cromatografía de gases los VOCs producidos por *A. agilis* UMCV2 en dos medios de cultivo distintos (agar nutritivo y medio LB) sin encontrarse el ácido glioxílico, ácido 3-metilbutanoico ó ácido dietilacético, sin embargo no se descarta que el aumento en la concentración de la clorofila en plantas de *M. truncatula* sea debida a un variación en la expresión de genes relacionados a la toma de Fe por las plantas.

Dentro del perfil de volátiles de *A. agilis* en cultivo puro tanto en AN como en LB, encontramos la dimetilhexadecilamina. Este compuesto llamó mucho nuestra atención ya que en los experimentos de interacción planta-microorganismo aumentó mucho su abundancia relativa pasando de un promedio de 1 % en cultivo puro a 8.4 % en tratamientos de interacción planta-bacteria. Este resultado apunta a un reconocimiento de la planta por parte de la bacteria que en respuesta modifica su perfil de compuestos volátiles incrementando la emisión de dimetilhexadecilamina que en este sentido actúa como una molécula señal para la comunicación planta bacteria, más aún, la semejanza estructural relativa de la dimetilhexadecilamina con las N-acilo homoserina lactonas y las alcamidas también fue interesante, ya que estos últimos compuestos han mostrado tener un efecto en el desarrollo vegetal semejante al observado en el presente trabajo (Ortíz-Castro y col. 2008; López-Bucio y col. 2006). Debido a lo anterior consideramos a la dimetilhexadecilamina un candidato natural a ser responsable del efecto que causaron los VOCs de *A. agilis* sobre las plantas y se probó como compuesto puro.

Por otro lado, los métodos de análisis de volátiles que empleamos en los ensayos de interacción planta-bacteria no permiten detectar la presencia de CO_2 que seguramente genera la bacteria, y no descartamos que este CO_2 pudiera tener algún efecto en la planta, sin embargo los efectos inhibitorios que encontramos en el desarrollo de la raíz y el follaje de la planta en ensayos con inóculos elevados de *A. agilis*, no son compatibles con los efectos que se esperarían de un aumento en la concentración de CO_2. De cualquier forma los ensayos realizados con Dimetilhexadecilamina en forma pura, permiten separar el posible efecto que tuviera el CO_2 generado por las bacterias sobre las plantas.

Las concentraciones de dimetilhexadecilamina probadas en ensayos con *M. sativa* (1 a 64 µM) lograron capturar curvas de comportamiento dosis respuesta tipo gaussiano para los parámetros medidos de longitud de los brotes, longitud de la raíz primaria y biomasa total (en base a peso fresco), siendo que tanto las concentraciones cercanas a 1 µM tuvieron efectos promotores del crecimiento sobre todo en la raíz primaria y en la biomasa total, y concentraciones arriba de 16 µM fueron inhibitorias.

El incremento en la concentración de clorofila, promovido por el perfil completo de VOCs de *A. agilis* en plantas de *M. trucatula* no fue consistentemente observado en los ensayos realizados con dimetilhexadecilamina como compuesto puro en nuestro sistema *M. sativa*-*A. agilis* UMCV2. Aunado a esto la concentración de dimetilhexadecilamina que produjo una proliferación de raíces laterales en *M. sativa* comparable a la proliferación observada en los experimentos con la gama completa de VOCs de *A. agilis* generada en los experimentos de cajas petri divididas e inoculada con 50 µL de inóculo, fue demasiado elevada (16 µM) como para esperar que se alcanzara de forma natural en dichos experimentos.

Estas últimas observaciones nos indican que probablemente existe uno o más VOCs producidos por *A. agilis* que están induciendo los efectos no observados en los experimentos con dimetilhexadecilamina como compuesto puro y que no fuimos capaces de detectar con nuestra metodología analítica.

Como ya hemos mencionado anteriormente, Ryu y colaboradores (2003) reportaron que *Bacillus subtilis* GB03 fue capaz de promover el crecimiento vegetal en *Arabidopsis* vía la producción del VOCs 2,3-butanediol, en un sistema de compartimientos separados comparable al nuestro, en el que dosis bajas del compuesto inducen un aumento en el área foliar de las plantas mientras que dosis altas producen una ligera reducción del área foliar. Otros efectos de inhibición del crecimiento de las plantas vía VOCs bacterianos han sido reportados en sistemas que emplean *A. thaliana* y diversas bacterias (Vespermann y col. 2007; Kai y col. 2008). Sin embargo en estos sistemas no se reporta el efecto de los compuestos definidos o no sobre la biomasa de la planta y su desarrollo en general y menos aun en programas de desarrollo en particular como el de la arquitectura de la raíz. En este sentido el presente trabajo no solo extiende efectos de los VOCs bacterianos en plantas a nuevos sistemas planta- microorganismo y nuevos VOCs en si, sino que profundiza en el estudio de la interacción planta microorganismo vía señalización bioquímica y representa un avance cualitativo en este tipo de estudios.

Una perspectiva de este trabajo es el estudio de las vías de señalización por medio de las cuales la dimetilhexadecilamina actúa en plantas. Para este propósito debiera evaluarse la conveniencia en un cambio del modelo de estudio (*M. sativa-A. agilis* UMCV2) por otro mejor estudiado, que ofrezca más herramientas metodológicas como son las líneas de plantas mutadas en genes conocidos, una proposición sería a emplear el modelo *Arabidopsis-A. agilis* UMCV2 (Ver Resultados Adicionales I).

La dimetilhexadecilamina produce efectos tanto inhibitorios como promotores del crecimiento en plantas y en un intervalo de concentraciones (1 a 8 µM) típico de las fitohormonas (Ortíz-Castro y col. 2008; López-Bucio y col. 2006), más aún, la dimetilhexadecilamina muestra tener un efecto preponderantemente en la raíz, situación especialmente interesante si se considera que este compuesto es producido por una rizobacteria en interacción con una planta y que el mismo compuesto también tiene actividad sobre la bacteria que lo produce.

Independientemente de que la dimetilhexadecilamina no tiene semejanza estructural con los compuestos autoiductores que se conoce son funcionales en bacterias gram positivas tales como las furanonas halogenadas y los péptidos (Williams y col. 2007), la dimetilhexadecilamina podría estar funcionando en un sistema de control poblacional de retroalimentación negativa sobre la *A. agilis*, ya que concentraciones arriba de 3.0 μM también inhiben fuertemente el crecimiento de la bacteria, al menos cuando el compuesto puro es agregado al medio de cultivo de la bacteria. Es muy interesante que el intervalo de concentraciones de promoción del crecimiento y de inhibición de la dimetilhexadecilamina sea el mismo para las plantas y para la bacteria. Esto abre la posibilidad de que la dimetilhexadecilamina constituya una vía de comunicación planta-bacteria y que además proporcione una ventaja competitiva a la rizobacteria al expandir la superficie de la raíz que constituye su nicho ecológico y a la planta al promover su crecimiento. La dimetilhexadecilamina forma parte de un perfil de volátiles producido por *B. subtilis* G_8 con alta actividad contra hongos fitopatógenos (Liu y col. 2008) por lo que es posible que las plantas lo reconozcan como un compuesto "deseable" en una PGPR por su probable contribución al control de patógenos.

El control biológico en nuestro país y en el mundo está resultando ser una mejor alternativa que los fungicidas comerciales y convencionalmente usados, ya que sabemos que provocan diversas consecuencias perjudiciales en el suelo y otros microorganismos no patógenos que se encuentren circundando a la planta, no así los agentes biológicos.

La existencia y el uso de compuestos de origen microbiológico y en particular de origen bacteriano para la represión de otros microbios indeseables no son nuevos. *Pseudomonas* spp. producen metabolitos secundarios tales como antibióticos o sideróforos que suprimen el crecimiento de patógenos de plantas. Entre el amplio rango de compuestos producidos por esta bacteria tenemos fenazinas, pirrolnitrina, oomicina A, geldanamicina, pioluteorina, piocianina y 2-4 diacetilfloroglucinol (Dilantha y col. 2005; Garbeva y col. 2011).

La bacteria *A. agilis* UMCV2 produce dimetilhexadecilamina y a diferencia de lo anteriormente mencionado éste se trata de un compuesto volátil, pero también en la literatura ya se han reportado compuestos volátiles con actividad antimicrobiana, ya que en 1994 Dilantha y Linderman reportan que *Pseudomonas* spp. producen un compuesto volátil (sin caracterizar) con naturaleza antifúngica contra *Phytophthora vignae*. Los compuestos volátiles producidos por los microorganismos y en especial por las bacterias están resultando ser una buena alternativa para el biocontrol de cuerpos patógenos que atacan a nuestros cultivos, mas tarde el mismo autor lo demuestra (Dilantha y col. 2005), en donde nos presenta una serie de aislados de *Pseudomonas* spp. provenientes de plantas de canola y garbanzo en donde encuentra que volátiles de cierta naturaleza como aldehídos, alcoholes y cetonas, y específicamente el n-decanal mostró tener una fuerte inhibición sobre el crecimiento de *Sclerotinia sclerotiorum*. Los autores también mencionan que los volátiles de estas bacterias reprimen el crecimiento del hongo en tres niveles, esclerocio, el micelio y abate el desarrollo de las estructuras de reproducción como lo son las ascosporas.

Otra perspectiva del trabajo es analizar los efectos de la dimetilhexadecilamina en otros microorganismos incluyendo hongos fitopatógenos. Resultados preliminares no publicados muestran un potente efecto de la dimetilhexadecilamina sobre los fitopatógenos *Botrytis cinerea* y *Phythopthora cinnamomi* (Ver Resultados adicionales II). Demostrar un efecto de la dimetilhexadecilamina sobre fitopatógenos abre la puerta para analizar el empleo de la sustancia para control de plagas, o más directamente emplear a la PGPR *A. agilis* UMCV2 como agente de control biológico.

Se desconoce con precisión como es que la dimetilhexadecilamina reprime el crecimiento del *B. cinerea* y de *P. cinnamomi*. Ya hemos mencionado que la dimetilhexadecilamina es una amina terciaria que presenta propiedades antifúngicas, pero no es la única molécula con esta naturaleza química, ya que Robinson y colaboradores en 1989 reportan que el compuesto volátil denominado trimetilamina (una amina terciaria) inhibe la germinación (1µg), el crecimiento hifal y la formación de antrosporas en el hongo fitopatógeno *Geotrichum candidum* en cantidades de micro-gramos de trimetilamina, experimento analizado por cromatografía de de gas/espectrometría de masas. Sumándose a esta lista compuestos como el alil alcohol, cianuro de hidrógeno, amonio y algunos aldehídos alifáticos con características antifúngicas.

Hasta el momento no existe una explicación clara sobre cómo es que la dimetilhexadecilamina además de presentar fuertes afectos antifúngicos también es capaz de promover el crecimiento vegetal, ya que las moléculas conocidas con este potencial presentan diferente naturaleza y estructura química. Ryu y colaboradores en otro de sus trabajos nos muestran como los volátiles de *Bacillus* spp. Además de promover el crecimiento de *Arabidopsis thaliana* también inhiben el crecimiento de *Erwinia carotovora* (Ryu y col. 2003b), siendo la dimetilhexadecilamina la segunda molécula reportada con éste doble propósito.

A. agilis UMCV2 produce una gama de compuestos volátiles de los cuales al menos uno, la dimetilhexadecilamina, modifica el desarrollo radicular y de los brotes de plantas y que lo hace en concentraciones micromolares, pudiendo promover o inhibir el crecimiento de las plantas dependiendo de la concentración, de esta forma extendemos conocimientos previos a cerca del efecto de los VOCs de rizobacterias principalmente sobre *Arabidopsis.*

En síntesis: en el presente trabajo se muestra que *A. agilis* UMCV2 produce un conjunto de compuestos orgánicos volátiles, de los cuales al menos uno, la dimetilhexadecilamina puede actuar como disparador de un efecto promotor del crecimiento vegetal en plantas de *M. sativa.* En nuestro conocimiento es la primera vez que se demuestra que un compuesto orgánico volátil es capaz de actuar como señal tanto en la modulación del crecimiento de plantas como de bacterias. Las rutas de señalización por medio de las cuales actúa el compuesto son desconocidas y el estudio de las mismas a nivel molecular es una perspectiva de este trabajo, otra perspectiva es el estudio del efecto de loa dimetilhexadecilamina sobre otros microorganismos, en especial los fitopatógenos. Este trabajo propone que la comunicación planta-bacteria a través de compuestos volátiles el cual probablemente se lleve en la rizosfera, comunicación importante tanto para modular la arquitectura de la raíz de las plantas así como la dinámica de las poblaciones bacterianas.

12. BIBLIOGRAFIA COMPLEMENTARIA

- **Badri** D. & Vivanco J. (2009), Regulation and function of root exudates. *Plant, Cell & Environment* 32:666–68.
- **Bais** Harsh P., Tiffany L.Weir, Laura G. Perry, Simon Gilroy, and Jorge M. Vivanco (2006), The Role of Root Exudates in Rhizosphere Interactions with Plants and Other Organisms, *Annu. Rev. Plant Biol.* 57:233–66, doi: 10.1146/annurev.arplant.57.032905.105159
- **Banchio** E., Xitao Xie, Huiming Zhang and Paul W. Paré (2009), Soil Bacteria Elevate Essential Oil Accumulation and Emissions in Sweet Basil, *J. Agric. Food Chem.* 2009, *57*, 653–657
- **Caddel** J., Daren Redfearn, Hailin Zhang, Jeff Edwards and Shiping Deng (2000), Forage Legumes and Nitrogen Production, *Division of Agricultural Sciences and Natural Resources* • Oklahoma State University, PSS-2590
- **Chang** Song Z., Ming-He Mo, Ying-Qi Gu, Jun-Pei Zhou, Ke-Qin Zhang (2007), Possible contributions of volatile-producing bacteria to soil fungistasis, *Soil Biology & Biochemistry* 39 2371–2379 doi:10.1016/j.soilbio.2007.04.009
- **Crookston**, R. K. (1984), Teh rotation effect. What causes is to boost yields? *Crop & Soil* 36;12-14
- **D'Attellis** R. A., (2005), ALFALFA (Medicago sativa L.) Producción de semilla Tinogasta, Catamarca, Dirección Provincial de Programación del Desarrollo *Ministerio de Producción y Desarrollo Gobierno de la Provincia de Catamarca.*
- **De la Peña** C., Lei Z., Watson B.S., Sumner L.W. & Vivanco J.M. (2008), Root–microbe communication through protein secretion. *Journal of Biological Chemistry* 283, 25247–25255.
- **Dilantha** F. W. G., Rajesh Ramarathnam, Akkanas S. Krishnamoorthy, Sarah C. Savchuk (2005), Identification and use of potential bacterial organic antifungal volatiles in biocontrol, *Soil Biology & Biochemistry*, 37 955–964
- **Dilantha** F. W. G. and Linderman, R., (1994), Inhibition of Phytophthora vignae and root rot of cowpea by soil bacteria. *Biological Agriculture and Horticulture* 12, 1–14.
- **Fuqua**, W. C., Winans, S. C. y Greenberg, E. P. (1994), Quorum sensing in bacteria: the LuxR-LuxI family of cell density-responsive transcriptional activators. *J. Bacteriol.* 176:269-275.
- **Garbeva** P., W.H. Gera Hol, Aad J. Termorshuizen, George A. Kowalchuk and Wietse de Boer (2011), Fungistasis and general soil biostasis – A new synthesis, *Soil Biology and Biochemistry,* Volume 43, Issue 3, Pages 469-477
- **Glick** B. R. (2005), Modulation of plant ethylene levels by the bacterial enzyme ACC deaminase. *FEMS Microbiology Letters* 251, 1-7.
- **Glick** B. R, Cheng Z, Czarny J, Duan J. (2007), Promotion of plant growth by ACC deaminase-producing soil bacteria. *Eur. J. Plant Pathol.* 119:329–39
- **Graham** P. H. & Vance C.P. Legumes: Importance and constraints to greater use. *Plant Physiology* 131, 872-877.
- **Gutiérrez-Luna** F. M, López-Bucio J, Altamirano-Hernández J, Valencia-Cantero E, Reyes de la Cruz H, Macías-Rodríguez L (2010), Plant growth-promoting rhizobacteria modúlate root-system architecture in Arabidopsis thaliana through volatile organic compound emission. *Symbiosis* 51, 75-83.
- **Gutteridge** R. C. *and* H. Max Shelton, (1998), Forage Tree Legumes in Tropical Agriculture, *Department of Agriculture The University of Queensland Queensland 4072,* Australia, ISBN 0 9585677 1 9

- **Hiltner** L. (1904), Uber neuere Erfahrungen und Probleme auf dem Gebiete der Bodenbakteriologie unter bessonderer Berucksichtigung der Grundung und Brache. *Arb. Dtsch. Landwirtsch.* Ges. Berl. 98:59–78
- **http://www.infoagro.com**/herbaceos/forrajes/alfalfa.htm
- **Kai** M., Vespermann A. and Piechulla B. (2008), The growth of fungi and Arabidopsis thaliana is influenced by bacterial volatiles. *Plant Signal Behav.* 3:1–3
- **Kamilova** F, Kravchenko LV, Shaposhnikov AI, Makarova N, Lugtenberg BJJ. (2006), Effects of the tomato pathogen *Fusarium oxysporum* f. sp. *radicis-lycopersici* and of the biocontrol bacterium *Pseudomonas fluorescens* WCS365on the composition of organic acids and sugars in tomato root exudate. *Mol. Plant Microbe Interact.* 19:1121–26
- **Kuiper** I, Bloemberg GV, Lugtenberg BJJ. (2001), Selection of a plant-bacterium pair as a novel tool for rhizostimulation of polycyclic aromatic hydrocarbon-degrading bacteria. *Mol. Plant Microbe Interact.* 14:1197–205
- **Liu** W, Wei Mu, Bingyu Zhu and Feng Liu, (2008), Antifungal Activities and Components of VOCs Produced by *Bacillus subtilis* G_8. *Current Research in Bacteriology,* 1: 28-34.
- **López-Bucio** J., Acevedo-Hernández G., Ramírez-Chávez E., Molina-Torres J., Herrera-Estrella L. (2006), Novel signals for plant development. *Current Opinion in Plant Biology* 9**,** 523-9.
- **López-Bucio** J., Juan Carlos Campos-Cuevas, Erasto Hernández-Calderón, Crisanto Velásquez-Becerra, Rodolfo Farías-Rodríguez, Lourdes Iveth Macías-Rodríguez, and Eduardo Valencia-Cantero (2007), *Bacillus megaterium* Rhizobacteria Promote Growth and Alter Root-System Architecture Through an Auxin- and Ethylene-Independent Signaling Mechanism in *Arabidopsis thaliana*, *MPMI* Vol. 20, No. 2, 2007, pp. 207–217. DOI: 10.1094/MPMI -20-2-0207.
- **Lugtenberg** B. and Faina Kamilova (2009), Plant-Growth-Promoting Rhizobacteria, *Annual Review of Microbiology* Vol. 63: 541-556, DOI: 10.1146/annurev.micro.62.081307.162918
- **Marschner** H. (1995), Mineral Nutrition of Higher Plants. London: Academic. 2nd ed.
- **Mathesius** U., Susan Mulders, Mengsheng Gao, Max Teplitski, Gustavo Caetano-Anolles, Barry G. Rolfe, and Wolfgang D. Bauer, (2003), Extensive and specific responses of a eukaryote to bacterial quorum-sensing signals, *PNAS*; 100; 1444-1449 doi:10.1073/pnas.262672599
- **McVittie**, A., Messik, F. y Zahler, S. A. (1962), developbiology of *Myxococcus. J. Bacteriol.* 84:546-551
- **Michaud**, R., W. F. Lehman y M. D. Rumbaugh (1988), World distribution and historical development. In: Hanson, A. A. (Ed) Alfalfa and alfalfa improvement Madison, Wisconsin Agronomy monograph nº 29, p 25 – 91
- **Nelson**, L. M. (2004), Plant growth promoting rhizobacteria (PGPR): Prospects for new inoculants. Online. Crop Management doi:10.1094/CM-2004-0301-05-RV.
- **Okon** Y, Bloemberg GV, Lugtenberg BJJ. (1998), Biotechnology of biofertilization and phytostimulation. In *Agricultural Biotechnology*, ed. A Altman, pp. 327–49. New York: Marcel Dekker
- **Ortíz-Castro** R., Miguel Martinez-Trujullo y José Lopez-Bucio, (2008), N-acyl-L-homoserine lactones: a class of bacterial quorum-sensing signals alter post-embryonic root development in *Arabidopsis thaliana, Plant Cell and Environment,* 31, 1497–1509 doi:10.1111/j.1365 3040.2008.01863.x
- **Ping**, L. y W. Boland, (2004), Signals from the underground: Bacterial volatiles promote growth in Arabidopsis. *Trends Plant Sci.* 9, 263–266.

- **Reading** C. N. y Vanessa Sperandio, (2006), Quorum sensing: the many languages of bacteria, *Federation of European Microbiological Societies*, doi:10.1111/j.1574-6968.2005.00001.x
- **Roberto**, Z. E. y E. F. Viglizzo (1993), Análisis del impacto de los recursos forrajeros en agrosistemas de la pampa semiárida. *Revista Argentina de Producción Animal* 10:47-54
- **Robinson**, P. M., McKee, N.D., Thompson, L.A.A., Harper, D.B., Hamilton, J.T.G., (1989), Autoinhibition of germination and growth in Geotrichum candidum. *Mycological Research* 93, 214–222.
- **Rodríguez** H, Fraga R, González T, Bashan Y. (2006), Genetics of phosphate solubilization and its potential applications for improving plant growth-promoting bacteria. *Plant Soil* 287:15–21
- **Ryu** C.M., Farag M.A., Hu C.H., Reddy M.S., Wei H.X., Pare P.W. & Kloepper J.W. (2003), Bacterial volatiles promote growth in *Arabidopsis*. *Proceedings of the National Academy of Sciences of the United States of America* **100,** 4927-4932.
- **Ryu**, C. M., Farag, M.A., Hu, C.H., Reddy, M.S., Pare, P.W., Kloepper, J.W., (2003b), Volatiles produced by PGPR elicit plant growth promotion and induced resistance in Arabidopsis, Proceedings of the Sixth International Workshop on Plant Growth Promoting Rhizobacteria pp. 436–443.
- **Shephard** R. W, Lindow S. (2008), Two dissimilar *N*-acyl-homoserine lactone acylases of *Pseudomonas syringae* influence colony and biofilm morphology. *Appl. Environ. Microbiol.* 74:6663–71
- **Solomon** E.P., C.A. Villee y P.W. Davis, (1987), Biología, Nueva Editorial Interamericana, 1ra edición en español, México D.F. pp. 1342
- **Teplitski** M., Robinson J.B. & Bauer W.D. (2000), Plants secrete substances that mimic bacterial *N*-acyl homoserine lactone signal activities and affect population density-dependent behaviors in associated bacteria. *Molecular Plant Microbe Interactions* 13, 637–648.
- **Valencia-Cantero**, E., Hernandez-Calderón, E., Velázquez-Becerra, C., López-Meza, J.E., Alfaro-Cuevas, R. y J. Lopez-Bucio, (2007), Role of dissimilatory fermentative iron-reducing bacteria in Fe uptake by common bean (*Phaseolus vulgaris* L.) plants grown in alkaline soil. *Plant and Soil* 291: 263-273.
- **Van Rhijn** P, Vanderleyden J. (1995), The *Rhizobium*-plant symbiosis. *Microbiol. Rev.* 59:124–42
- **Velázquez-Becerra** C. (2007), Participación de las bacterias ferrirreductoras en el suministro de hierro a la planta de alfalfa (*medicago sativa*) en sus primeros estadíos de crecimiento, tesis: maestría en conservación y manejo de recursos naturales, Universidad Michoacana de San Nicolás de Hidalgo, facultad de biología, Morelia Michoacán México.
- **Velázquez-Becerra** C., Macías-Rodríguez, Ll., y Valencia-Cantero, E. (2008), *Arthrobacter* estimula el crecimiento vegetal de *Medicago spp.* por un mecanismo que involucra la producción de compuestos volátiles. XXXVI Congreso Nacional de Microbiología. Morelia Michoacán del 4 al 7 de Junio 2008.
- **Vespermann** A., Marco Kai, and Birgit Piechulla (2007), Rhizobacterial Volatiles Affect the Growth of Fungi and *Arabidopsis thaliana*, *Applied and Environmental Microbiology*, p. 5639-5641, Vol. 73, No. 17
- **Walker** T. S., Harsh Pal Bais, Erich Grotewold, and Jorge M. Vivanco (2003), Root Exudation and Rhizosphere Biology, *Plant Physiology*, May 2003, Vol. 132, pp. 44–51.

- **Williams** P., Winzer K., Chan W.C. & Cámara M. (2007), Look who's talking: communication and quorum sensing in the bacterial world. *Philosophical Transactions of the Royal Society B* 362: 1119–1134.
- **Zhang** H, Xie X, Kim M-S, Kornyeyev DA, Holaday S, Pare PW. (2008), Soil bacteria augment Arabidopsis photosynthesis by decreasing glucose sensing and abscisic acid levels *in planta. Plant J.* 56:264–73
- **Zhang** H., Sun Y., Xie X., Kim M.S., Dowd S.E. & Paré P.W. (2009), A soil bacterium regulates plant acquisition of iron via deficiency-inducible mechanisms. *The Plant Journal.* 58, 568-577.

13. RESULTADOS ADICIONALES (I)

LA DIMETILHEXADECILAMINA MODULA EL CRECIMIENTO DE *Arabidopsis thaliana* POR MEDIO DE UN MECANISMO RELACIONADO A LA VIA DE SEÑALIZACION DEL JASMONATO

LA DIMETILHEXADECILAMINA MODULA EL CRECIMIENTO DE *Arabidopsis thaliana* POR MEDIO DE UN MECANISMO RELACIONADO A LA VÍA DE SEÑALIZACION DEL JASMONATO

Crisanto Velázquez-Becerra[1], Lourdes I. Macías-Rodríguez[1], Idolina Flores- Cortez[1], Gustavo Santoyo-Pizano[1], José López-Bucio[1] y Eduardo Valencia-Cantero[1] ✉

[1] IIQB-Universidad Michoacana de San Nicolás de Hidalgo. Edificio B5; Ciudad Universitaria. C.P. 58030 Morelia; Michoacán, México; Tel.:5.443.3265788; Fax: 5.443.3265788.

Email: ✉ vcantero@umich.mx.

Resumen

El crecimiento y desarrollo de las plantas, está regulado por sustancias químicas que en conjunto ejercen una compleja interacción para cubrir las necesidades de la planta, se trata de las hormonas vegetales. Estas hormonas, median la comunicación intercelular en las plantas. Se han establecido diversos grupos de hormonas vegetales en las que tenemos a las auxinas, giberelinas, citocininas, ácido abscísico y el etileno. Las amidas son otro grupo de compuestos naturales de las plantas y se ha visto que ejercen un efecto sobre el desarrollo de la raíz por vías de señalización en donde se involucran las hormonas vegetales. La dimetilhexadecilamina es una amina terciaria unida a una cadena hidrocarbonada saturada de 16 átomos, además es un compuesto orgánico volátil (VOCs) producido por la rizobacteria *A. agilis* UMCV2, este compuesto presenta semejanza química con las alcamidas. En nuestro modelo de estudio con *A. thaliana* en un sistema de compartimentos separados en cajas de Petri pudimos observar que los VOCs emitidos por la rizobacteria UMCV2 aumentaban la biomasa de plantas de *A. thaliana* de manera significativa en relación a un tratamiento sin bacteria y a otro tratamiento en presencia de la bacteria *E. coli* DH5α (control: 0.14 mg, UMCV2: 0.27 mg y DH5α: 0.22 mg), además aumentaban la concentración de clorofila en las plantas de *A. thaliana*. Usando concentraciones micromolares se pudo apreciar como las concentraciones más bajas del compuesto (0,75 y 1,5 µM) incrementan la longitud de la raíz primaria y el peso fresco de la planta y a partir de una concentración de 3 µM (3,6 y 12 µM) la longitud de la raíz primaria se ve disminuida de manera casi exponencial, lo mismo ocurre con el peso fresco de *A. thaliana.* Por la semejanza estructural con compuestos como las alcamidas y además por los efectos observados son muy parecidos a los producidos por éstas, decidimos usar *A. thaliana* AM8 (*drr1*), mutantes resistentes a alcamidas (N-isobutil decanamida). Observamos en éste experimento que presentan resistencia al compuesto en concentraciones de 0.75, 1.5 y 3 µM en comparación al control WS. Al aumentar la concentración a 6 µM se observa una notable disminución de la raíz primaria en *A. thaliana* AM8 y el genotipo silvestre WS por igual. Ya que nosotros pudimos observar un claro incremento de la longitud y densidad de los pelos radicales, decidimos usar *A. thaliana* Jar1 (*jasmonic acid resistant 1*), mutantes afectadas en el paso de catalización por la conjugasa JAR1 (Shan y col. 2007), paso de la ruta biosintética del AJ. *A. thaliana* Jar1 en presencia de la dimetilhexadecilamina mostraron resistencia a la promoción del crecimiento de la longitud de la raíz primaria, no así las plantas control, en donde una concentración de 1.5 µM de la amina incremento la talla de la raíz en al menos un 20%. Al probar 3 diferentes aminas que difieren en la longitud de átomos de la cadena hidrocarbonada: dimetiloctilamina C8, dimetildecilamina C10 y dimetilhexadecilamina C16, observamos que la dimetiloctilamina en presencia de las plantas de *A. thaliana* col-0 generó un alargamiento de la raíz primaria a una concentración de 0.6 a 2.5 µM. La dimetildecilamina por su parte no generó una promoción del crecimiento de la raíz primaria en las concentraciones usadas y se observó una disminución de la raíz al aumentar la concentración. De la misma forma la dimetilhexadecilamina generó un aumento en el crecimiento en la raíz primaria de plantas de *A. thaliana* a una concentración de 1.2 µM, que posteriormente el crecimiento se ve disminuido al aumentar la concentración. En síntesis, el presente trabajo muestra que la dimetilhexadecilamina es un VOC producido por *A. agilis* UMCV2 y actúa de forma similar a un fitorregulador en *A. thaliana*, promoviendo el aumento de biomasa y crecimiento de la raíz de plantas de *A. thaliana* a concentraciones bajas, pero inhibiendo dicho crecimiento a concentraciones altas, y además la longitud del de la cadena hidrocarbonada de la dimetilhexadecilamina afecta la intensidad de la respuesta de la planta al compuesto y que probablemente el mecanismo de señalización en la planta que opera esta promoción del crecimiento está relacionada con la vía de señalización del ácido jasmónico.

Palabras clave: Compuestos orgánicos volátiles, *Arthrobacter agilis*, amina, ácido jasmónico.

INTRODUCCION

El crecimiento y desarrollo de las plantas, está regulado por cierto número de sustancias químicas que en conjunto, ejercen una compleja interacción para cubrir las necesidades de la planta, se trata de las hormonas vegetales.

Se denomina hormona a cualquier sustancia orgánica específica, efectiva a bajas concentraciones, y que es elaborada por las células en una parte del organismo y transportada a otra parte del mismo, donde ejerce su acción produciendo un efecto fisiológico específico (Solomon y col. 1987).

El comportamiento de ciertas sustancias vegetales parecía ser lo suficientemente similar a las hormonas animales como para justificar el uso del término hormona vegetal o fitohormona. Numerosos fisiólogos vegetales prefieren la denominación "reguladores de crecimiento" o "fitorregulador" a manera de incluir tanto los compuestos naturales de origen endógeno o exógeno como los sintéticos, que modifican el crecimiento y desarrollo vegetal (Aloni 2007).

Las hormonas median la comunicación intercelular en las plantas, para ello las células poseen receptores, que son proteínas específicas. El complejo hormona-receptor es la forma activa de una hormona. Todas las hormonas vegetales son de pequeño tamaño, -entre 28 y 346 Da- comparadas con las animales que las animales pueden llegar a pesar 25.000 Da (Solomon y col. 1987).

Se han establecido diversos grupos de hormonas vegetales en las que tenemos a las auxinas, giberelinas, citocininas, ácido abscísico (y sus derivados) y el etileno (Sokolova y col. 2011).

El primero de ellos, las auxinas son sustancias estimulantes del crecimiento, fueron estudiadas por primera vez en 1931 por investigadores holandeses que aislaron dos ácidos reguladores del crecimiento (auxina-a y auxina-b, obtenidas de la orina humana y de cereales, respectivamente). Posteriormente notaron que las mencionadas sustancias poseían propiedades similares al ácido indol-3-acético (AIA), compuesto que actualmente se considera como la auxina principal de las plantas y encontrando sobre todo en tejidos en crecimiento activo. Todos estos compuestos derivan en los vegetales del aminoácido triptófano (Aloni 2007).

Las giberelinas son otro grupo de reguladores del crecimiento de las plantas, fue descubierto por investigadores japoneses en relación con la enfermedad, del arroz denominada "Bakanae" (Semillas bobas) (Kurosawa 1926). En esta enfermedad las plantas afectadas se hacen excesivamente altas y son incapaces de sostenerse por sí mismas, la combinación de la subsiguiente debilidad y el daño del parásito, provocan eventualmente la muerte de la planta. El organismo causante de la enfermedad es la *Gibberella fugikuroi*, y en 1926, se observó que los extractos del hongo, eran capaces de iniciar los síntomas de la enfermedad cuando se aplicaban a las plantas de arroz sanas. Posteriormente se aisló una sustancia cristalizada, a la que se llamó "Giberilina". En la actualidad se han detectado varias clases de giberilinas de las que la mitad proceden del hongo citado y la otra mitad de plantas superiores (Pérez-Barraza y col 2008).

En las citocininas (causantes de citoquinesis), la actividad de éstas, no se reduce tan solo a la división celular en un tejido *per se.*, también regulan el tipo y la frecuencia de producción de órganos, así como su posición y forma, proceso de senescencia y rejuvenecimiento, efectos sobre los cotiledones, organogénesis entre otras funciones (Solomon y col. 1987).

El etileno desde hace muchos años se sabe que induce respuestas de crecimiento en las plantas; en 1932, se demostró que manzanas almacenadas inhibían el crecimiento de brotes de patatas almacenadas con ellas. El etileno es un gas que generalmente se produce como resultado del metabolismo celular, que se encuentra en frutos maduros. Todas las partes de una planta son potenciales productoras, pero especialmente es liberado desde raíces, ápices de tallo, nudos, flores senescentes y frutos maduros (Takahashi 1986).

El etileno reúne propiedades que nos permiten considerarlo como un regulador del crecimiento vegetal, ya que interviene directamente sobre la maduración de frutos, floración, abscisión, expresión sexual, crecimiento de la plántula, síntesis en condiciones de estrés y además estimula el crecimiento de pelos radicales entre otras funciones (Aloni 2007).

Existen además de éstos reguladores de crecimiento otro grupo de compuestos que han llamado la atención en los últimos años 10 años por su efecto sobre las plantas, tal es el caso de las amidas. Las amidas son compuestos naturales de las plantas y no son tan abundantes. Un ejemplo interesante de este grupo de compuestos es el de las alquilamidas o alcamidas que comprenden un grupo de aproximadamente 70 estructuras conocidas y distribuidas a lo largo del reino vegetal. Desde el punto de vista biogénico, las alcamidas representan una clase distinta de productos naturales que se forma al combinar dos diferentes rutas metabólicas (Molina-Torres y col. 2004).

Están constituidas por la unión de un ácido graso, de longitud de cadena de mediana a larga que puede ser de ocho a dieciocho carbonos generalmente alifática o lineal, unida a una amina proveniente de algún aminoácido por descarboxilación al momento de condensación. Dependiendo del número de enlaces o ligaduras dobles que presenten, las alcamidas se han dividido en dos grupos principales: alcamidas alifáticas, que tienen sólo dobles ligaduras, y alcamidas acetilénicas, con al menos una triple ligadura, y las que presentan anillos homo o heterocíclicos que se observan principalmente en la familia Piperaceae (Molina-Torres y col. 1999).

Las alcamidas alifáticas son las más importantes para el metabolismo secundario y de aquellas utilizadas mayoritariamente por el hombre. Las alcamidas son consideradas como compuestos bioactivos, esto es, una pequeña cantidad de estos compuestos presenta una respuesta notable en las células receptoras. Se manifiestan en unos cuantos grupos de plantas, de los cuales los más importantes están presentes en las familias Asteraceae, y Solanaceae, más específicamente en las especies de *Capsicum* (chiles) y en la familia Piperaceae (familia de la pimienta).

Cada una de ellas tiene características individuales pero es interesante que sus moléculas bioactivas presenten estructuras químicas relacionadas. Las alcamidas alifáticas han demostrado su eficacia como compuestos medicinales, saborizantes e incluso en control biológico, por lo que son un grupo de metabolitos de gran interés actual (Molina-Torres y col. 1999).

Sin embargo, se desconocía si están implicadas en la regulación de procesos morfogénicos de las plantas. Sus efectos en los programas del desarrollo vegetal se han estudiado mediante la aplicación exógena de alcamidas purificadas o sintetizadas a cultivos *in vitro* de *Arabidopsis thaliana*. Entre los procesos regulados por las alcamidas están la alteración de la estructura meristemática en la raíz primaria, la estimulación de la división y diferenciación celular, evidenciadas por la formación de órganos *de novo* en tejidos foliares y radiculares, y por la presencia de tricoblastos, que son células diferenciadas en la epidermis de la raíz, conocidas como pelos radiculares (López-Bucio y col. 2007). Además inducen la proliferación de raíces adventicias en explantes de tallos de *Arabidopsis* (Campos-Cuevas y col. 2008).

La N,N-Dimetilhexadecilamina es una amina terciaria unida a una cadena hidrocarbonada saturada de 16 carbonos, además es un compuesto orgánico volátil (VOC) producido por la rizobacteria *Arthrobacter agilis* UMCV2, este compuesto presenta semejanza química con las alcamidas, mostrando su actividad promotora del crecimiento vegetal sobre plántulas de *Medicago sativa* (Velázquez-Becerra y col. 2011). Por esta razón decidimos en este trabajo analizar los efectos que produce sobre el desarrollo en general en plantas modelo como *A. thaliana* y encontrar la vía de señalización que pudiera estar tomando para generar dichos efectos.

MATERIALES Y METODOS

-Material Vegetal.

Se usaron semillas de plantas de *Arabidopsis thaliana* de la línea Columbia-0 y WS (genotipos silvestres), AM8 (decanamide resistant root [drr1]) y Jar1 (Jasmonic acid resistant) proporcionadas por el laboratorio de biología del desarrollo vegetal del IIQB de la UMSNHI. Las semillas se almacenaron a 4 °C hasta su uso.

-Cepa Bacteriana.

La cepa usada fue *Arthrobacter agilis* UMCV2, aislada de suelo ligeramente ácido pH 6.8 (Valencia-Cantero y col. 2007). Y la gram negativa *E. coli* DH5α.

-Efecto de *A. agilis* UMCV2 sobre *A. thaliana.*

Las semillas de *A. thaliana* se esterilizaron superficialmente con alcohol al 70 % por 8 min, se lava con agua estéril y se pasa a hipoclorito de sodio al 20 % por 2 min, posteriormente se enjuaga con agua estéril 5 veces. De esta manera las semillas se colocan en cajas de Petri divididas estériles, 25 por caja en medio nutritivo Murashige & Skoog (MS) más 10 g de agar, la mescla se homogeniza a pH 7 y se esteriliza en una autoclave a 120 °C/15 min. El medio de vierte en un lado de la caja de Petri. En la otra mitad de la caja se agrega agar nutritivo (AN) y se inocula con la rizobacteria UMCV2, se colocan en una cámara de crecimiento con un fotoperiodo de 16 h luz/8 h oscuridad, intensidad de luz 200 μmol m^2 s^{-1} a 22 ± 1°C, el experimento se mantiene durante 10 días.

-Efecto de Dimetilhexadecilamina el crecimiento de *A. thaliana.*

El compuesto dimetilhexadecilamina se adquirió de la compañía SIGMA-ALDRICH (CAS: 112-69-6), el cual se mezcló en medio nutritivo MS más agar 10 g por litro en cajas de Perti, adicionado con dimetilhexadecilamina. Como ya mencionamos con anterioridad, las semillas de *A. thaliana* se esterilizan y colocan 10 semillas en estas cajas petri por 10 días en cámara de crecimiento. Cuando se emplearon semillas de *A. thaliana* Col-0 las concentraciones de dimetilhexadecilamina usadas fueron de 0, 0.75, 1.5, 3, 6 y 12 μM. Para *A. thaliana* AM8 fueron de 0, 0.75, 1.5, 3, y 6 μM y para *A. thaliana* Jar1 fueron de 0, 1.5, 3, 4.5, 6, 7.5 y 9 μM de dimetilhexadecilamina.

-Efecto de diversas aminas sobre el crecimiento de *A. thaliana*.

Las aminas dimetiloctilamina (CAS: 7378-99-6), dimetildecilamina (CAS: 1120-24-7) y dimetilhexadecilamina (CAS: 112-69-6), se adquirieron de la compañía SIGMA-ALDRICH$_R$. En medio nutritivo MS adicionado con agar/10 g por litro pH 7 (esterilizado) se colocaron estas aminas en cajas de Perti, las concentraciones usadas fueron de 0, 0.6, 1.2, 2.5, 5 y 10 µM para cada una de ellas. Como ya mencionamos con anterioridad, las semillas de *A. thaliana* Col-0 se esterilizan y colocan en estas cajas petri por 10 días en cámara de crecimiento.

-Análisis estadístico.

Todos los experimentos se realizaron en replicas de 4, al menos 2 veces cada experimento. Se uso el paquete estadístico STATISTICA de startsoft, aplicando una ANOVA y una prueba de Duncan (significancia de 0.05).

RESULTADOS

Arabidopsis thaliana es un importante organismo modelo para el estudio en la biología de la planta, ya que actúa como una especie modelo en los estudios de fisiología vegetal, biología molecular y la genética. Su uso como especie modelo se facilita por su corto tiempo de generación en el laboratorio, por la producción de grandes cantidades de semillas y por su reproducción que principalmente se realiza por la autofecundación (Franczois y col. 2008). Por esta razón decidimos utilizar esta planta para nuestro trabajo.

La rizobacteria *A. agilis* UMCV2 produce un compuesto volátil llamado dimetilhexadecilamina, el cual produce cambios morfológicos en la arquitectura de la raíz y la parte aérea de plantas de *M. sativa* (Velázquez-Becerra y col. 2011). Por esta razón decidimos probar de primera instancia el efecto que genera la presencia de los VOCs de *A. agilis* UMCV2 en plantas de *A. thaliana*.

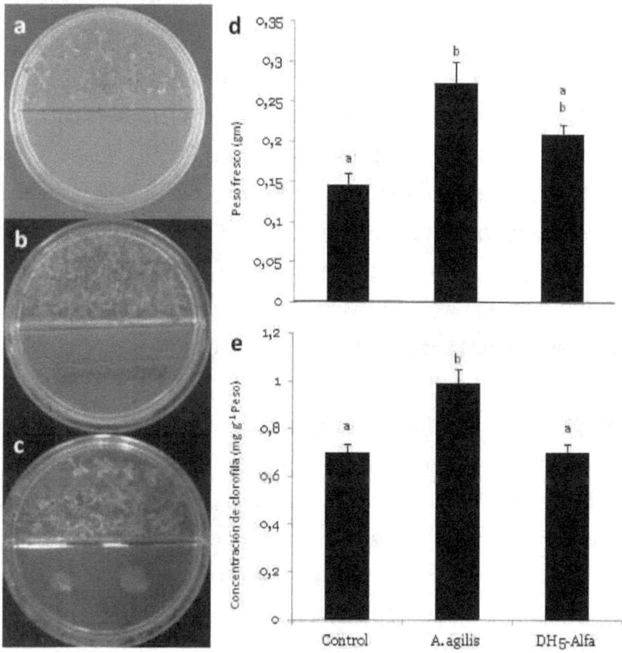

Figura 1. Crecimiento de *A. thaliana* por los VOCs producidos por *A. agilis* UMCV2. Empleando cajas petri divididas, se sembró en un lado de la caja un *A. thaliana* y del otro la bacteria *A. agilis* UMCV2. Diez días de exposición. Control (a), *A. agilis* UMCV2 (b), *E. coli* DH5α (c), peso fresco de 30 plantas (d) y concentración de clorofila (e). Diez días de exposición. Los resultados se analizaron mediante un análisis de varianza seguido de una prueba de rango múltiple de Ducncan ($p < 0.05$; n = 4), las letras denota significancia estadística entre tratamientos.

En un sistema de compartimentos separados en cajas de Petri pudimos observar que los VOCs emitidos por la rizobacteria UMCV2 aumentaban la biomasa de plantas de *A. thaliana* de manera significativa en relación a un tratamiento sin bacteria y a otro tratamiento en presencia de la bacteria *E. coli* DH5α (control: 0.14 mg, UMCV2: 0.27 mg y DH5α: 0.22 mg) (Figura 1a-d). Además de esto, también se pudo observar que también mediante los VOCs de la rizobacteria UMCV2 aumentaban la concentración de clorofila en las plantas de *A. thaliana* (Figura 1e), fenómeno visto con anterioridad en el sitema experimental *M. truncatula-A. agilis* UMCV2 (Velázquez-Becerra y col. 2008).

Con estos resultados hasta el momento, nos dimos a la tarea de probar los efectos de la dimetilhexadecilamina en el medio de cultivo sobre *A. thaliana* Col-0. Usamos concentraciones micromolares, ya que los compuestos de elevada actividad biológica como las amidas se manejan en estos rangos. Pudimos apreciar como las concentraciones más bajas del compuesto (0,75 y 1,5 µM) incrementan la longitud de la raíz primaria y el peso fresco de la planta (Figura 2a-c), y a partir de una concentración de 3 µM (3,6 y 12 µM) la longitud de la raíz primaria se ve disminuida de manera casi exponencial, lo mismo ocurre con el peso fresco de *A. thaliana* (Figura 2b y 2c).

Con estos últimos resultados mostrados nos surgió el interés por descubrir cuál podría ser la manera por la cual la dimetilhaxadecilamina estuviera actuando en plantas a las cuales ha alterado su desarrollo. Por la semejanza estructural con compuestos como las alcamidas y además por los efectos observados son muy parecidos a los producidos por éstas, decidimos usar *A. thaliana* AM8 (*drr1*) (Morquecho-Contreras y col. 2010) mutantes resistentes a alcamidas (N-isobutil decanamida).

Al analizar los efectos generados por la dimetilhexadecilamina en la raíz primaria de plantas de *A. thaliana* AM8, se vio que presentan resistencia al compuesto en concentraciones de 0.75, 1.5 y 3 µM.en comparación al control WS. Al aumentar la concentración a 6 µM se observa una notable disminución de la raíz primaria en *A. thaliana* AM8 y el genotipo silvestre WS por igual (Figura 3a).

Por los efectos vistos sobre los pelos radiculares (PR) en la planta de *A. thaliana*, otra de las posibilidades que tenemos es que la dimetilhexadecilamina esté trabajando por vías de señalización alternas a las de las alcamidas, pudiera estarse tratando de vía del acido jasmonico (AJ), ya que nosotros pudimos observar un claro incremento de la longitud y densidad de los PR. Por eso decidimos usar *A. thaliana* Jar1 (*jasmonic acid resistant 1*), mutantes afectadas en el paso de catalización por la conjugasa JAR1 (Shan y col. 2007), paso de la ruta biosintética del AJ.

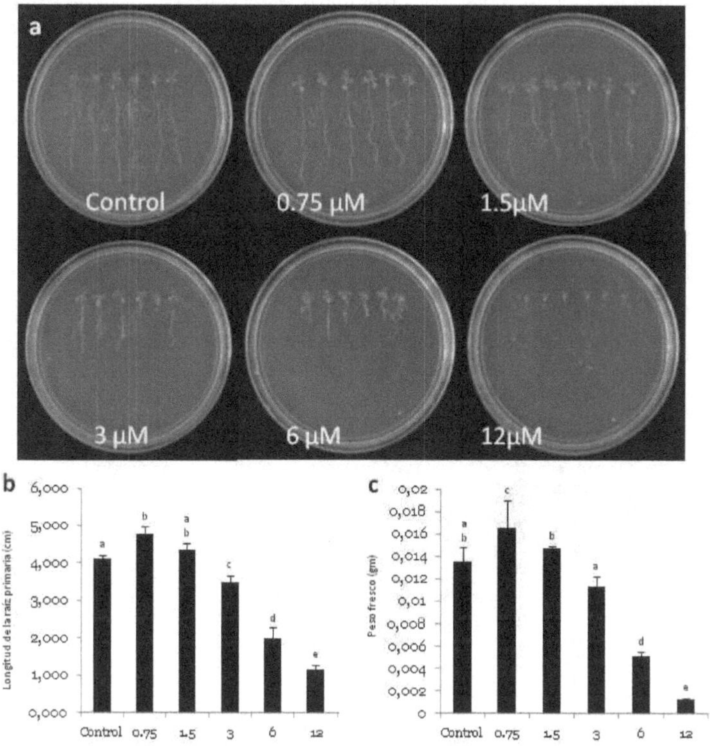

Figura 2. Crecimiento de *A. thaliana* por dimetilhehadecilamina (C16) en concentraciones µM. El panel 'a' muestra fotografías representativas del crecimiento de *A. thaliana*, Longitud de la raíz primaria (b) y peso fresco (c). Diez días de exposición. Los resultados se analizaron mediante la prueba de ANOVA seguida de una prueba de Duncan ($p <$ 0.05; n = 10), las letras denota significancia estadística entre tratamientos.

En nuestro trabajo pudimos observar que las plantas de *A. thaliana* Jar1 en presencia de la dimetilhexadecilamina mostraron resistencia a la promoción del crecimiento de la longitud de la raíz primaria. No así las plantas control Col-0 (Figura 3c), en donde una concentración de 1.5 µM de la amina incremento la talla de la raíz en al menos un 20%, sin embargo al aumentar la concentración de la amina (3, 4.5, 6, 7.5 y 9 µM) la planta Col-0 disminuye notablemente la longitud de la raíz primaria, mientras que las plantas mutantes de *A. thaliana* Jar1 presentan cierta resistencia a la dimetilhexadecanamina (Figura 3b).

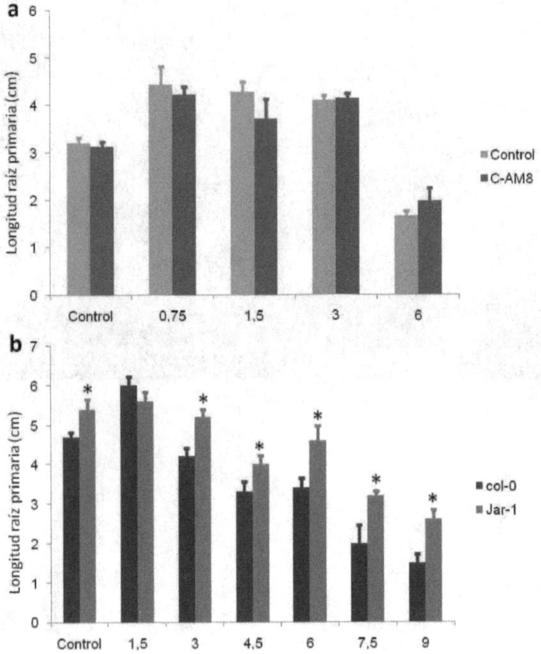

Figura 3. Efecto de dimetilhexadecilamina sobre el crecimiento de *A. thaliana*. La dimetilhexadecilamina se uso a diversas concentraciones en µM. El panel (a) muestra longitud de la raíz primaria de *A. thaliana* Ws y su mutante AM8, (b) longitud de la raíz primaria de *A. thaliana* Col-0 y su mutante Jar1. Las barras representan errores estándar. Los asteriscos representan diferencia significativa con base en una prueba de t $\alpha < 0.05$ (n=10).

Las plantas también tienen la capacidad de percibir diferencialmente moléculas señal. Existen compuestos que además de las alcamidas presentan una similitud con la dimetilhexadacanamina, se trata de las acil homoserina lactonas (AHLs). Son moléculas producidas por las bacterias gram negativas y utilizadas para una comunicación bacteria-bacteria. Las AHLs pueden variar la longitud de su grupo acilo de 4-18 átomos de carbono (Reading y Sperandio 2006).

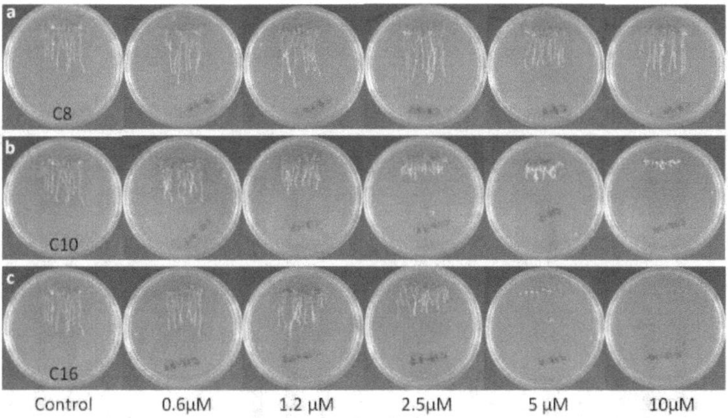

Figura 4. Efecto en el crecimiento de *A. thaliana* por diversas aminas a concentraciones μM. Crecimiento de *A. thaliana* en presencia de dimetiloctilamina (a), Crecimiento de *A. thaliana* en presencia de dimetildecilamina (b) y Crecimiento de *A. thaliana* en presencia de dimetilhexadecilamina (c), 10 días de exposición. Esto es una imagen representativa del experimento.

Ya se ha visto también que las plantas de *A. thaliana* pueden detectar esos cambios en las AHLs y responder de manera diversa a estas variaciones tan sutiles (Ortíz-Castro y col. 2008). Por eso, decidimos probar 3 diferentes aminas que difieren en la longitud de átomos de la cadena hidrocarbonada: dimetiloctilamina C8, dimetildecilamina C10 y dimetilhexadecilamina C16.

Los resultados fueron muy claros, la dimetiloctilamina en presencia de las plantas de *A. thaliana* col-0 generó un alargamiento de la raíz primaria a una concentración de 0.6 a 2.5 μM (Figura 4a y Figura 5a), después de esta concentración se presenta una represión del crecimiento. Sin embargo, en este mismo tratamiento se observa un aumento en la densidad de las raíces laterales a partir de una concentración de 1.2 μM, reflejándose también estos efectos de crecimiento en el peso fresco de la planta (Figura 4a y Figura 5b y c).

La dimetildecilamina no generó una promoción del crecimiento de la raíz primaria en las concentraciones usadas y se observó una disminución de la raíz al aumentar la concentración (Figura 4b y Figura 5d). Si se aprecia de manera clara un aumento en la densidad de raíces laterales en las concentraciones de 1.2, 2.5, 5 y 10 µM de dimetildecilamina (Figura 5e).

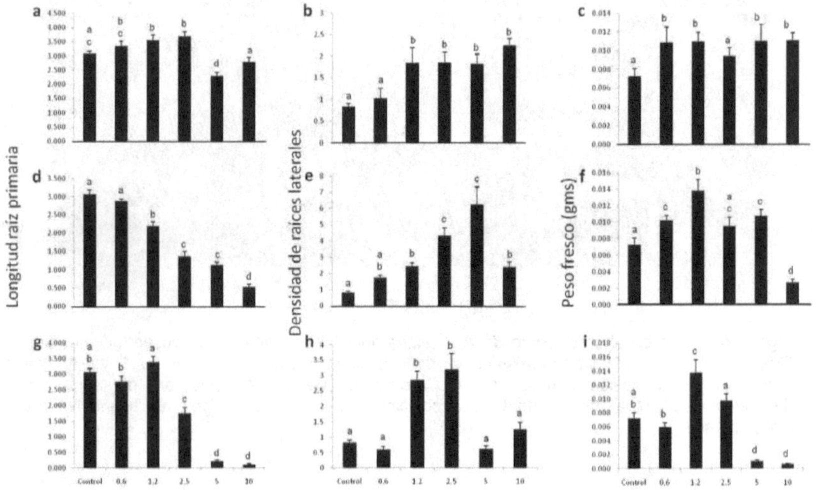

Figura 5. Efecto en el crecimiento de *A. thaliana* por diversas aminas a concentraciones µM. Panel a, d, g, longitud de la raíz primaria de *A. thaliana* expuesta a dimetiloctilamina, dimetildecilamina y dimetilhexadecilamina respectivamente. Panel b, e, h, densidad de raíces laterales en *A. thaliana* expuesta a dimetiloctilamina, dimetildecilamina y dimetilhexadecilamina respectivamente y panel c, f, i, peso fresco total de *A. thaliana* expuesta a dimetiloctilamina, dimetildecilamina y dimetilhexadecilamina respectivamente. 10 días de exposición. Los resultados se analizaron mediante la prueba de ANOVA seguida de una prueba de Duncan ($p < 0.05$; n = 10), las letras denota significancia estadística entre tratamientos.

De la misma forma la dimetilhexadecilamina generó un aumento en el crecimiento en la raíz primaria de plantas de *A. thaliana* a una concentración de 1.2 µM, que posteriormente el crecimiento se ve disminuido al aumentar la concentración (Figura 4c y Figura 5g). De la misma forma que en los casos con la dimetiloctilamina y la dimetildecilamina, se vio aumentado la densidad de raíces laterales a una concentración de 1.2 y 2.5 µM de dimetilhexadecilamina (Figura 4c y Figura 5h), y también una aumento de peso fresco a estas mismas concentraciones (Figura 5i).

Algo muy importante a destacar, es que el potencial del efecto generado por las aminas incrementa al aumentar la longitud de la cadena hidrocarbonada del ácido graso, ya que para generar una represión en el crecimiento de la raíz primaria con la dimetiloctilamina se requiere una concentración de 5 µM, en cambio para la dimetildecilamina se requieren 2.5 µM (Figura 4).

DISCUSION

La rizobacteria *A. agilis* UMCV2 fue aislada de la rizosfera de maíz y destaca su capacidad para solubilizar hierro para la planta (Velázquez-Becerra 2007). En un perfil de compuestos volátiles emitidos por la bacteria, encontramos la presencia de la dimetilhexadecilamina, es una amina terciaria con una cadena de 16 átomos de carbono y dos radicales metilo próximos al grupo amino. Tanto la bacteria como la amina que produce se ha visto tiener la propiedad de incrementar la biomasa en plantas de *P. vulgaris, M. sativa* y *M. truncatula* (Valencia-Cantero y col. 2007, Velázquez-Becerra y col. 2008; Velázquez-Becerra y col. 2011). Existía la posibilidad que la emisión de los volátiles de la bacteria también alteraran el desarrollo de la planta de *A. thaliana*, ya que como habiamos visto con anterioridad, ejerce un efecto sobre diversos vegetales.

La concentración de tanto de la bacteria como la de compuesto son menores para ejercer un efecto promotor y uno represor, esto debido que la planta de *A. thaliana* es de menor talla que las plantas de *P. vulgaris, M. sativa* y *M. truncatula* en las cuales ya que había probado los efectos. Las hormonas (reguladores de crecimiento vegetal) integran el crecimiento, desarrollo y actividades metabólicas en los distintos tejidos de una planta y son típicamente activas en cantidades muy pequeñas.

Como las auxinas, giberelinas y citocininas tienen una forma muy especial de actuar, por ejemplo la auxina como el AIA en concentraciones bajas promueven el crecimiento de las raíces secundarias y de las raíces adventicias. En concentraciones más altas, inhiben el crecimiento del sistema principal de raíces, y de manera similar otras fitohormonas actúan. La dimetilhexadecilamina es un compuesto que presenta características como las anteriormente mencionamos, ya que también tiene un efecto contrario si se encuentra a una concentración baja o alta.

A concentraciones bajas la dimetilhexadecilamina promueve el crecimiento de la raíz primaria y promueve el desarrollo de raíces laterales de *A. thaliana* y a concentraciones altas la reprimen (Figura 2a, Figura 4a-c). Con esto no se sugiere que la dimetilhexadecilamina pudiera ser un fitorregulador, en este sentido, un aspecto muy interesante a corroborar, es la presencia de este compuesto de forma endógena en la planta. Quizás más probablemente la dimetilhexadecilamina pudiera estar mimetizando los efectos de algún otro fitorregulador.

La alcamidas son metabolitos secundarios de las plantas y se encuentran en al menos 10 familias (Ramírez-Chávez y col. 2004). Otro aspecto muy relevante es que las alcamidas pueden influenciar el desarrollo de las plantas de manera muy parecida a la vista por la dimetilhexadecilamina. La afinina es una alcamida que a concentraciones bajas aumenta el desarrollo de la raíz primaria y proliferación de raíces laterales y pelos radicales, mientras que altas concentraciones de afinina ejercen un efecto represor (Ramírez-Chávez y col. 2004; Morquecho-Contreras y col. 2010). *A. thaliana* AM8 es una planta mutante resistente a los efectos producidos por alcamidas como la N-isobutil decanamida, pero en nuestro trabajo no mostro una resistencia a la dimetilhexadecilamina, teniendo un comportamiento prácticamente indistinguible de su línea parental *A. thaliana* WS. Fue muy claro que a una concentración elevada de 6 µM la dimetilhexadecilamina produjo una considerable reducción de la raíz primaria para ambas líneas de plantas.

Existe evidencia genética que indica que las alcamidas pueden ser percibidas por las plantas para modular la arquitectura de las raíces y los procesos relacionados con la senescencia, posiblemente mediante la interacción con la vía de señalización del ácido jasmónico (Méndez-Bravo y col. 2010a y 2010b, Morquecho-Contreras y col. 2010). El acido jasmonico está implicado en diversos procesos como la germinación, crecimiento de la raíz, fertilidad y senescencia. Por eso también resultó necesario usar plantas de *A. thaliana* Jar1 y analizar el comportamiento con la dimetilhexadecilamina, encontrando que las plantas Jar1 mostraron una resistencia a las concentraciones bajas de dimetilhexadecilamina (Figura 3c y d). El metil jasmonato enciende mecanismos de defensa en plantas de *A. thaliana* en presencia de organismos patógenos, que en muchos casos se refleja en la promoción del crecimiento vegetal (Cheong y Yang 2003; Jung y col. 2007).

Las plantas en general pueden diferenciar entre moléculas de igual naturaleza, como el caso de las AHLs. Mathesius y colaboradores en el 2003 reportan que plantas de trebol pueden diferenciar entre una AHL proveniente de *Sinorhizobium meliloti* y una proveniente de *P. aeruoginosa* y reaccionar de manera diferente. *A thaliana* también puede reaccionar a diferentes AHLs, en un trabajo realizado en el 2008 se vio que la *N*-decanoil-HL es mas bioactiva que otras AHLs que variaban de 4-16 átomos de carbono el grupo acilo (Ortiz-Castro y col. 2008), por eso usamos en este trabajo 3 diferentes aminas, sabiendo que moléculas de similar naturaleza pueden presentar actividad diferente o nula.

En nuestros experimentos la molécula mas bioáctiva fue la dimetilhexadecanamina, por encima de la dimetiloctilamina y la dimetildecilamina, ya que a menores concentraciones se produce un efecto promotor y a la misma concentración la represión es mayor (Figura a, b y c). No sabemos cuál sea la relación por el cual al aumentar la longitud de átomos de carbono del acido graso también aumenta la actividad de la molécula pero nos resulta muy interesante y estamos trabajando en responder ésta y otras interrogantes que surgieron en el desarrollo del trabajo. Regresándonos un poco al trabajo de Ortíz-Castro y colaboradores, han demostrado que organismos procariontes pueden reaccionar a compuestos de origen bacteriano y encontraron que plántulas de *A. thaliana* reaccionaban de manera diferencial a la presencia de acilo homoserina lactonas (AHLs) con una longitud del grupo acilo de 4-14 átomos de carbono. Encontrando que las AHLs de cadena corta (C4 y C6) no presentaban actividad alguna en las plántulas, pero las AHLs de mayor longitud si presentaron una elevada actividad dosis dependiente sobre la longitud de la raíz primaria, densidad de raíces laterales y pelos radiculares en las plántulas de *A. thaliana*, dejando en claro que la longitud del grupo acilo puede determinar una baja o elevada bioactividad tal y como ha sucedido con las aminas que nosotros probamos también plántulas de *A. thaliana*.

En síntesis, el presente trabajo muestra que la dimetilhexadecilamina un compuesto volátil orgánico producido por *A. agilis* UMCV2, actúa de forma similar a un fitorregulador en *A. thaliana*, promoviendo el aumento de biomasa y crecimiento de la raíz de plantas de *A. thaliana* a concentraciones bajas (0.75 y 2.5 µM), pero inhibiendo dicho crecimiento a concentraciones mayores, que la longitud del grupo acilo de la dimetilhexadecilamina afecta la intensidad de la respuesta de la planta al compuesto y que probablemente el mecanismo de señalización en la planta que opera esta promoción del crecimiento está relacionada con la vía de señalización del ácido jasmónico.

Agradecimientos: Se agradece al Consejo Nacional de Ciencia y Tecnología (México) por el financiamiento para este trabajo vía los proyectos 60999 (LIMR) y 128341 (EVC).

LITERATURA CITADA (I)

- **Aloni** R. (2007), Phytohormonal mechanisms that control wood quality formation in young and mature trees. In: The Compromised Wood Workshop 2007. K. Entwistle, P. Harris, J. Walker (eds). *The Wood Technology Research Centre*, University of Canterbury, Christchurch, New Zealand, pp 1-22.
- **Campos-Cuevas** J.C., R. Pelagio-Flores, J. Raya-Gonzalez, A. Mendez-Bravo, R. Ortiz-Castro, J. Lopez-Bucio (2008), Tissue culture of *arabidopsis thaliana* explants reveals a stimulatory effect of alkamides on adventitious root formation and nitric oxide accumulation. *plant science*, 174: 165-173.
- **Cheong** J.J. and Yang Do Choi (2003), Methyl jasmonate as a vital substance in plants, TRENDS in Genetics Vol.19 No.7 doi:10.1016/S0168-9525(03)00138-0
- **Franczois** O., Michael G. B. Blum, Mattias Jakobsson and Noah A. Rosenberg (2008), Demographic History of European Populations of *Arabidopsis thaliana*, *PLoS Genetics* | Volume 4 | Issue 5 | e1000075.
- **Jung** C., Seoung Hyun Lyou, SongYion Yeu, Myeong Ae Kim, Sangkee Rhee, Minkyun Kim, Jong Seob Lee, Yang Do Choi and Jong-Joo Cheong (2007), Microarray-based screening of jasmonate-responsive genes in *Arabidopsis thaliana*, *Plant Cell Rep*. 26:1053–1063 doi: 10.1007/s00299-007-0311-1
- **Kurosawa** E. (1926), Experimental studies on the nature of the substance secreted by the "bakanae" fungus. *Nat HistSoc Formosa*. 16, 213-227.

- **López-Bucio** J., M. Millan-Godinez, A. Mendez-Bravo, A. Morquecho-Contreras, E. Ramirez-Chavez, J. Molina-Torres, A. Perez-Torres, M. Higuchi, T. Kakimoto, L. Herrera-Estrella (2007), Cytokinin receptors are involved in alkamide regulation of root and shoot development in *Arabidopsis thaliana*. plant physiology, 145: 1703-1713.
- **Mathesius** U., Susan Mulders, Mengsheng Gao, Max Teplitski, Gustavo Caetano-Anolles, Barry G. Rolfe, and Wolfgang D. Bauer (2003), Extensive and specific responses of a eukaryote to bacterial quorum-sensing signals, *PNAS*; 100; 1444-1449 doi:10.1073/pnas.262672599
- **Méndez-Bravo** A., Calderón-Vázquez Carlos, Ibarra-LaClette Enrique, Ramírez-Chávez Enrique, Molina-Torres Jorge, Herrera-Estrella Luis y López-Bucio José (2010a), La alcamida vegetal *n*-isobutil decanamida regula la expresión de genes de defensa en *arabidopsis thaliana* y confiere resistencia contra hongos necrótrofos a través de la ruta de señalización del ácido jasmónico, *Ciencia Nicolaita* No. Especial 2010, UMSNH
- **Méndez-Bravo** A., Javier Raya-González, Luis Herrera-Estrella and José López-Bucio (2010b), Nitric Oxide is Involved in Alkamide-Induced Lateral Root Development in Arabidopsis, *Plant Cell Physiol.* 51(10): 1612–1626 doi:10.1093/pcp/pcq117
- **Molina-Torres** J., Abraham Garcia-Chavez, Enrique Ramırez-Chavez (1999), Antimicrobial properties of alkamides present in flavouring plants traditionally used in Mesoamerica: affinin and capsaicin, *Journal of Ethnopharmacology* 64 241–248.
- **Molina-Torres** J., Carlos Junior Salazar-Cabrera, Concepción Armenta-Salinas y Enrique Ramirez-Chavez (2004), Fungistatic and Bacteriostatic Activities of Alkamides from *Heliopsis longipes* Roots: Affinin and Reduced Amides, *J. Agric. Food Chem.*, 52 (15), 4700-4704 • DOI: 10.1021/jf034374y
- **Morquecho-Contreras** A., Alfonso Mendez-Bravo, Ramon Pelagio-Flores, Javier Raya-González, Randy Ortiz-Castro, and José López-Bucio (2010), Characterization of drr1, an Alkamide-Resistant Mutant of Arabidopsis, Reveals an Important Role for Small Lipid Amides in Lateral Root Development and Plant Senescence, *Plant Physiology*, March, Vol. 152, pp. 1659–1673.
- **Ortíz-Castro** R., Miguel Martinez-Trujullo y José Lopez-Bucio (2008), *N*-acyl-L-homoserine lactones: a class of bacterial quorum-sensing signals alter post-embryonic root development in *Arabidopsis thaliana, Plant Cell and Environment,* 31, 1497–1509 doi:10.1111/j.1365 3040.2008.01863.x
- **Pérez-Barraza** M. H. Vázquez-Valdivia, V. and Osuna-García, J. A. (2008), Uso de giberelinas para modificar crecimiento vegetativo y floración en mango "tommy atkins" y "ataulfo". *Revista Chapingo.* Serie horticultura, Vol. 14, Núm. 2, mayo-agosto, pp. 169-175 Universidad Autónoma Chapingo México.
- **Ramírez-Chávez** E., José Lopez-Bucio, Luis Herrera-Estrella y Jorge Molina-Torres (2004), Alkamides Isolated from Plants Promote Growth and Alter Root Development in Arabidopsis, *Plant Physiology*, March, Vol. 134, pp. 1058–1068
- **Reading** C. Nicola y Vanessa Sperandio (2006), Quorum sensing: the many languages of bacteria, *Federation of European Microbiological Societies*, doi:10.1111/j.1574-6968.2005.00001.x
- **Shan** X. Y., Zhi-Long Wang and Daoxin Xie (2007), Jasmonate Signal Pathway in *Arabidopsis, Journal of Integrative Plant Biology*, 49 (1): 81−86.
- **Sokolova** M. G., G. P. Akimova y O. B. Vaishlya (2011), Effect of Phytohormones Synthesized by Rhizosphere Bacteria on Plants, *Applied Biochemistry and Microbiology*, Vol. 47, No. 3, pp. 274–278.
- **Solomon** E.P., C.A. Villee y P.W. Davis, (1987), Biología, Nueva Editorial Interamericana, 1ra edición en español, México D.F. pp. 1342

- **Takahashi** N. (1986), Chemistry of Plant s Hormones. Boca Raton, Fla.: CRC Press Inc.
- **Valencia-Cantero** E., Hernandez-Calderón, E., Velázquez-Becerra, C., López-Meza, J.E., Alfaro-Cuevas, R. y J. Lopez-Bucio (2007), Role of dissimilatory fermentative iron-reducing bacteria in Fe uptake by common bean (*Phaseolus vulgaris* L.) plants grown in alkaline soil. *Plant and Soil* 291: 263-273.
- **Velázquez-Becerra** C. (2007), Participación de las bacterias ferrirreductoras en el suministro de hierro a la planta de alfalfa (*medicago sativa*) en sus primeros estadíos de crecimiento, tesis: maestría en conservación y manejo de recursos naturales, universidad michoacana de san nicolas de hidalgo, facultad de biología, Morelia Michoacán México.
- **Velázquez-Becerra** C., Macías-Rodríguez, L.I., López-Bucio, J., Altamirano-Hernández, J., Flores-Cortez, I. y E. Valencia-Cantero (2011), A volatile organic compound isolated from *Arthrobacter agilis* modulates growth of *Medicago sativa* in vitro. *Plant and Soil*. 339: 329-340.
- **Velázquez-Becerra** C., Macías-Rodríguez, LI., y Valencia-Cantero, E. (2008), *Arthrobacter* estimula el crecimiento vegetal de *Medicago spp.* por un mecanismo que involucra la producción de compuestos volátiles. XXXVI Congreso Nacional de Microbiología. Morelia Michoacán del 4 al 7 de Junio 2008.

14. RESULTADOS ADICIONALES (II)

EL COMPUESTO VOLÁTIL DIMETILHEXADECILAMINA PRODUCIDO POR LA RIZOBACTERIA *Arthrobacter agilis* INHIBE EL CRECIMIENTO DE LOS MICROORGANISMOS PATÓGENOS *Botrytis cinerea* Y *Phytophthora cinnamomi*

EL COMPUESTO VOLÁTIL DIMETILHEXADECILAMINA PRODUCIDO POR LA RIZOBACTERIA *Arthrobacter agilis* INHIBE EL CRECIMIENTO DE LOS MICROORGANISMOS PATÓGENOS *Botrytis cinerea* Y *Phytophthora cinnamomi*

Crisanto Velázquez-Becerra[1], Lourdes I. Macías-Rodríguez[1], José López-Bucio[1], Idolina Flores- Cortez[1], Gustavo Santoyo-Pizano[1], Patricia Rios-Chávez[2] y Eduardo Valencia-Cantero[1] ✉

[1] IIQB-Universidad Michoacana de San Nicolás de Hidalgo. Edificio B5; Ciudad Universitaria. C.P. 58030 Morelia; Michoacán, México; Tel.:5.443.3265788; Fax: 5.443.3265788.

[2] Facultad de Biología. Michoacana de San Nicolás de Hidalgo.

Email: ✉ vcantero@umich.mx.

Resumen

Las enfermedades causadas por hongos fitopatógenos como *Botrytis cinerea* y los oomicetos como *Phytophthora cinnamomi* limitan fuertemente la producción agrícola. El control de estas plagas se realiza empleando fungicidas como el Captan, cuyos efectos en la salud humana son controversiales. En el presente trabajo se encontró que la rizobacteria *Arthrobacter agilis* UMCV2 produce compuestos orgánicos volátiles (VOCs) que inhiben el crecimiento de *B. cinerea*. Se conoce que uno de los VOCs producidos por *A. agilis* es la dimetilhexadecilamina (DMHDA), y que compuestos de semejante naturaleza química como las alcamidas presentan una actividad antimicrobiana. Como compuesto puro, la DMHDA inhibió dramáticamente el crecimiento de *B. cinerea* y *P. cinnamomi* a partir de concentraciones de 50 µM, mostrando una actividad inhibitoria superior a la del Captan. La DMHDA también inhibió el crecimiento de *Trichoderma virens* y *T. atroviride* pero de forma discreta. Aminas de origen lipídico de 4, 8, 10, 12 y 14 carbonos en su cadena hidrocarbonada fueron probados en su actividad inhibitoria mostrando que una fuerte actividad inhibitoria está relacionada a una longitud de cadena de al menos 12 carbonos.

Palabras clave: Compuestos orgánicos volátiles, dimetilhexadecilamina, *Arthrobacter agilis*, compuesto antifúngico.

INTRODUCCIÓN

Uno de los factores que limitan más fuertemente la producción agrícola son las enfermedades producidas por hongos y oomicetos fitopatógenos. En el mundo las pérdidas anuales en los cultivos agrícolas debido a enfermedades causadas por hongos fitopatógenos van del 10 al 15%. Dentro de los agentes fitopatógenos que causan mayor afectación a los cultivos tenemos a los géneros de hongos *Botrytis* y de oomicetos *Phytophthora* (Elad et al., 2007).

Una alternativa para combatir a las enfermedades causadas por hongos fitopatógenos es emplear microorganismos promotores del crecimiento vegetal que antagonicen a los agentes infecciosos. Dentro de los más empleados están los hongos del género *Trichoderma*, que antagonizan a otros hongos mediante procesos de micoparasitismo (parasitar a los otros hongos) y la producción de toxinas antifúngicas (Howell 2003). Adicionalmente, existen una amplia variedad de bacterias capaces de antagonizar hongos por mecanismos diversos, como son la producción de sideróforos (Santoyo et al., 2010) producción de antibióticos (Valencia-Cantero et al., 2005) y competencia por espacios de colonización en las raíces (Handelsman y Stabb 1996). Recientemente se ha demostrado que algunas bacterias producen compuestos orgánicos volátiles (VOCs) con un fuerte efecto antifúngico (Xu et al., 2004; Zou et al., 2007), sin embargo la identificación de dichos VOCs y el estudio de su actividad antifúngica como compuestos puros no ha sido siempre posible (Kai et al., 2007; Liu et al., 2008).

Arthrobacter agilis UMCV2 es una bacteria que fue aislada de la rizósfera de plantas de maíz, su efecto promotor del crecimiento vegetal ha sido caracterizado en plantas de frijol y de alfalfa (Valencia-Cantero et al., 2007; Velázquez Becerra el al., 2007) ya sea por su capacidad para solubilizar hierro en condiciones de escasez de este metal o por su capacidad para producir compuestos orgánicos volátiles que estimulan el crecimiento vegetal (Velázquez-Becerra et al., 2011). En el presente trabajo caracterizamos la actividad antifúngica de la dimetilhexadecilamina (DMHDA), una amina terciaria unida a una cadena hidrocarbonada saturada de 16 carbonos, que es un VOC producido por *A. agilis* UMCV2, mostrando su actividad supresora de hongos fitopatógenos *B. cinerea* y *P. cinnamoni* y su ligero efecto sobre los hongos promotores del crecimiento *T. virens* y *T. atroviride*, comparándola con la actividad de otros agentes antifúngicos y otras aminas hidrocarbonadas.

MATERIALES Y MÉTODOS

Microorganismos usados

Se utilizó el hongo fitopatógeno de *B. cinerea*, el oomyceto fitopatógeno *P. cinnamomi* (Damian-Badillo et al., 2010), el hongo promotor del crecimiento vegetal *T. virens* Gv 29-8 y *T. atroviride* (Contreras-Cornejo et al., 2009) y la rizobacteria *A. agilis* UMCV2 (Valencia Cantero et al., 2007). Los hongos y el protozoario se mantuvieron en medio papa dextrosa agar (PDA), para ser propagados o inoculados, un fragmento cuadrado de 0.25 cm de lado de un cultivo ya establecido fue cortado y colocados sobre nuevas placas de PDA e incubados a 25 °C en obscuridad. *A. agilis* UMCV2 fue mantenida en agar nutritivo (AN), resembrada por estriado e incubada a 25 °C en obscuridad.

Efecto de los VOCs de *Arthrobacter agilis* UMCV2 en el crecimiento de *Botrytis cinérea.*

Para la determinación del efecto de los volátiles de *A. agilis* sobre *B. cinerea* se emplearon cajas de Petri divididas de manera que se evitó el contacto de ambos microorganismos y de sus metabolitos no volátiles. En una mitad de la caja con medio PDA se inoculó un fragmento de un cultivo de *B. cinerea*, en la otra mitad de la caja con AN se estrió a la bacteria *A. agilis* UMCV2 o se dejó sin inocular (condición control). Las cajas fueron incubadas por cinco días después de los cuales se midió el diámetro mayor de las colonias de *B. cinerea*.

Extracción de dimetilhexadecilamina en *Arthrobacter agilis* UMCV2.

Con la finalidad de saber si *A. agilis* UMCV2 almacena DMHDA dentro y en qué cantidad se producía en la bacteria realizamos una extracción enfocada al compuesto haciendo una adaptación de los métodos descritos por Burkhardt et al. 2001 y González-Gómez et al. 2009. En breve: 35 mg (aprox) de células bacterianas previamente crecidas 3 o 5 d en AN fueron colectadas, el paquete celular fue adicionado con 1 ml de buffer de fosfatos (fosfato de potasio monobásico 0,05 M pH 8,0) y sonicado por 15min: La mezcla fue centrifugada a 7 mil rpm por 5 min y posteriormente fueron tomados 500 µl de sobrenadante a los cuales se les adicionaron 500 µL de buffer de fosfatos, 300 µl de cloroformo y 25 µl de KOH 1M. La mezcla se agitó por 5 min, y posteriormente se adicionó con 700 µl de acetato de etilo y agitó por 10 min. La mezcla produjo 2 fases, se extrajo la fase orgánica, misma que fue evaporada a temperatura ambiente en un chorro de N_2, la pastilla resultante fue resuspendida en 50 µl de diclorometano, de los cuales 2 µL fueron inyectados en cromatógrafo de gases acoplado a un detector de masas (GC-MS) empleando una columna columna HP-5 MS de 30m x 0,25mm (ID) y 0,25 µm de espesor de fase. Las rampas de temperatura fueron las siguientes: la temperatura inicial del horno fue de 150°C 3 min, con incrementos de de 5°C/min min hasta llegar a una temperatura final de 278°C por 5 min. La temperatura del inyector y detector fueron de 270 y 300°C respectivamente.

Las extracciones se realizaron a las 24, 48 y 72hrs de crecimiento de la bacteria. La concentración de DMHDA se cuantificó empleando una curva de calibración elaborada con un estándar comercial de DMHDA y determinando la densidad bacteriana por centrifugación 5 min a 3 mil rpm para luego medir el volumen y la masa bacteriana.

Efecto de dimetilhexadecilamina sobre foliolos de *Fragaria ×ananassa.*

Se usaron plantas de *Fragaria spp* de 3 meses de edad a las cuales se le cortaron cuidadosamente los foliolos para esterilizarlos superficialmente en alcohol al 70% por 6min, mas hipoclorito de sodio al 20% por 8 min, posteriormente se enjuagan con agua estéril 5 veces. Una vez desinfectados, los foliolos se colocaron en cajas de

Petri que contenía medio MS estableciendo los siguientes tratamientos: 1solo el foliolo, 2 el foliolo más DMHDA 100 μM, 3 el foliolo más *B. cinerea* más DMHDA 100μ M, y 4 el foliolo más *B. cinerea*. Después de 8 días de exposición de midió el diámetro mayor de la colonia de hongos y se cuantificaron los puntos de necrosis presentes en los foliolos.

Efecto de dimetilhexadecilamina y del captan sobre el crecimiento de *Botrytis cinerea, Phytophthora cinnamomi, Trichoderma virens* y *atroviride*.

B. cinerea, P. cinnamomi, T. virens y *atroviride* se crecieron en medio papa dextrosa agar (PDA) por un periodo de 5 días a 25ºC en la oscuridad. Posteriormente se tomó un fragmento cuadrado de este cultivo de 0.25 cm de lado y se resembró nuevamente en medio PDA adicionado con DMHDA, Metil-palmitato (MP), butanamina (C4), dimetiloctilamina (C8), dimetildecilamina (C10), dimetildodecilamina (C12), dimetiltetradecilamina (C14), dimetilhexadecilamina (C16) o el fungicida Captan [N-(triclorometiltio) ciclohex-4-en-1,2–dicarboximida] en concentraciones de 0, 12, 25, 50 y 100 μM por un periodo de 5 días en la obscuridad. Después de este tiempo se midió el diámetro mayor de la colonia del hongo u oomiceto cómo parámetro de inhibición del desarrollo de los microorganismos a consecuencia de los compuestos usados.

Análisis estadístico.

Todos los experimentos se repitieron de forma independiente dos veces y tuvieron 4 réplicas cada vez. Los resultados se analizaron mediante una prueba de t de Student en el caso de comparación de dos medias, o una prueba de ANOVA y una separación de medias por prueba de Duncan para comparaciones múltiples ($p < 0.05$).

RESULTADOS

Efecto de los VOCs de *A. agilis* UMCV2 sobre *B. cinerea*.

En años recientes se ha mostrado que algunos VOCs bacterianos tienen efecto antifúngico, con esto en mente en el presente trabajo, probamos el efecto fungistático de los VOCs de *Arthrobacter agilis* UMCV2 sobre el fitopatógeno *B. cinerea*. *A. agilis* UMCV2 es una bacteria aislada de la rizósfera de maíz que ha mostrado promover el crecimiento vegetal de frijol (Valencia-Cantero et al., 2007) y alfalfa por medio de la emisión de volátiles (Velázquez-Becerra et al., 2011).

Se realizó un coocultivo de *A. agilis* UMCV2 y *B. cinerea* en cajas divididas de forma que se evitó el contacto físico entre los dos microorganismos y sus metabolitos no volátiles, al tiempo que compartieron el espacio de cabeza del sistema. Después de 5 días de incubación fue claro que las colonias de *B. cinerea* crecidas en coocultivo con *A. agilis* UMCV2 tuvieron un crecimiento en el diámetro de la colonia aproximadamente 25 % menor que aquellas colonias del hongo crecidas en ausencia de la bacteria, mostrándose que los VOCs de *A. agilis* producen una considerable inhibición en *B. cinerea* (Figura 1). Lo anterior prueba que *A. agilis* produce al menos un VOC con propiedades fungistáticas, si bien probablemente en concentraciones menores a las requeridas para efectuar una inhibición total.

El análisis cromatográfico realizado en un trabajo previo (Velázquez-Becerra et al., 2011), mostró la presencia de DMHDA (formalmente N,N,-dimetilhexadecanamina) en el perfil de VOCs producidos por *A. agilis* UMCV2, la DMHDA es un lípido aminado con una cadena hidrocarbonada saturada de 16 carbonos, dado que existen reportes que señalan que lípidos aminados como la butanamina y la dimetiloctalamina tienen efectos fungistáticos (Zou et al., 2007; Xu et al., 2004) se hipotetizó que la actividad antifúngica de los VOCs de *A. agilis* UMCV2 podría deberse DMHDA.

Extracción de DMHDA en *A. agilis* UMCV2

La presencia de la DMHDA fue corroborada en el presente trabajo. Se realizó una extracción de los lípidos de colonias de *A. agilis* UMCV2 crecidas 3 y 5 días en AN. El contenido de DMHDA en *A. agilis* significó un 4.8 ± 0.73 (EE) % de los lípidos encontrados en colonias de 3 días de crecimiento y un 2.5 ± 0.12 % de los lípidos encontrados en colonias de 5 días de crecimiento. En términos de concentración se encontraron 5.15 ± 0.06 y 5.96 ± 0.10 μM de DMHDA en las colonias de 3 y 5 días de crecimiento respectivamente. También se detectó la presencia de la dimetildodecadecilamina en las colonias de 3 y 5 días de crecimiento, si bien en cantidades traza (datos no mostrados).

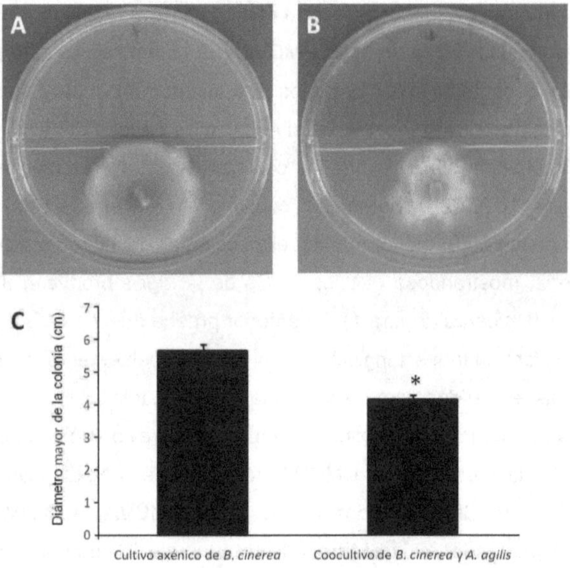

Figura 1. Inhibición del crecimiento de *B. cinerea* por los VOCs producidos por *A. agilis* UMCV2. Empleando cajas petri divididas, se sembró en un lado de la caja un fragmento de 0.25 cm de lado de un cultivo en crecimiento de *B. cinerea* y en el otro se estrió a la bacteria *A. agilis* UMCV2. Después de cinco días de incubación se midió el diámetro mayor de las colonias de *B. cinerea*. Los paneles **a** y **b** muestran imágenes representativas del crecimiento del hongo. El panel **c** muestra el valor numérico del diámetro mayor de las colonias del hongo al finalizar el experimento. Los resultados se analizaron mediante la prueba t de Student ($p <$ 0.05; n = 4), el asterisco denota significancia estadística entre tratamientos.

Efecto de la DMHDA en el crecimiento de *B. cinerea,* y *P. cinnamomi*

Se analizó el efecto un estándar comercial de DMHDA a concentraciones de (0, 12, 25 50 y 100 µM) sobre el crecimiento de los fitopatógenos *B. cinerea,* y *P. cinnamomi.* Como punto de referencia con los productos antifúngicos usados en las prácticas agrícolas, se probaron las mismas concentraciones de Captan, que es un fungicida comercial ampliamente utilizado (Mullin et al., 2010) (Figuras 2 A y 2B).

Se encontró que la DMHDA inhibe fuertemente el crecimiento tanto de *B. cinerea* como de *P. cinnamoni.* En caso de *P. cinnamoni* la inhibición fue superior al 35% en una concentración de 12.5 µM mientras que concentraciones superiores mostraron inhibiciones del crecimiento cercanas al 90% (Figura 2 C). En el caso de *B. cinerea* la inhibición fue muy parecida, una concentración de 12 µM inhibió fuertemente el crecimiento de *B. cinerea* (27 %) y éste efecto incrementó al aumentar la concentración de la DMHDA hasta alcanzar una inhibición superior al 70% (Figura 2D).

La DMHDA probó tener una actividad inhibitoria superior a la ejercida por el Captan, tanto para *B. cinerea* como *P. cinamommi*, y en cada una de las concentraciones ejerció una inhibición superior. Las colonias de *B. cinerea* crecidas en presencia de DMHDA crecieron entre un 15 y un 30 % menos que las colonias de los hongos crecidas en presencia de captan, dependiendo de la concentración particular (Fig. 2C y 2E), mientras que las colonias crecieron entre un 15 y un 60 % menos en DMHDA que en Captan (Fig. 2d y 2F). Lo anterior muestra que la DMHDA tiene un potencial de inhibición de patógenos comparable favorablemente con uno de los compuestos antifúngicos más usados.

Efecto de la DMHDA en el crecimiento de *T.virens,* y *T. atroviride*

Posteriormente, como una forma de determinar el efecto de la DMHDA sobre hongos considerados como benéficos para el crecimiento vegetal, se probó su efecto sobre *T. virens* y *T. atroviride.* Fue notorio que el efecto de la amina DMHDA fue menor sobre *T. virens* que sobre los microorganismos fitopatógenos.

Una concentración de 12 µM de DMHDA que causó una fuerte inhibición del crecimiento de *P. cinnamoni* y *B. cinerea* (de alrededor del 30 %), no generó una inhibición alguna de *T. virens* a la misma concentración, y fue solo a 50 µM que se produjo un ligero retraso en el crecimiento (7 %) comparada con los controles sin el compuesto (Figura 3), mientras que la concentración más alta probada (100 µM) generó una inhibición de apenas alrededor del 15% sobre *T. virens* (Fig. 3C).

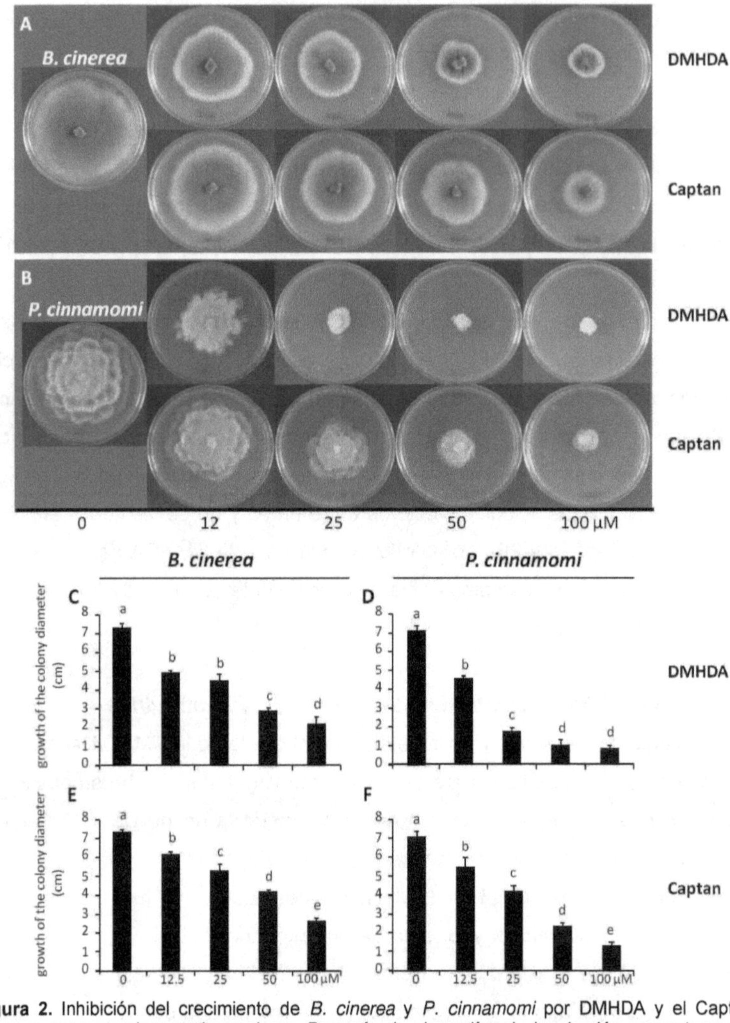

Figura 2. Inhibición del crecimiento de *B. cinerea* y *P. cinnamomi* por DMHDA y el Captan a diversas concentraciones micromolares. Después de cinco días de incubación se capturaron las imágenes y se midió el diámetro mayor de las colonias. Los páneles **A** y **B** muestran imágenes representativas de 4 cajas con *B. cinerea* y *P. cinanamomi* (respectivamente) sometidos a concentraciones crecientes de DMHDA y Captan. Las gráficas muestran el crecimiento del diámetro mayor de las colonias de *B. cinerea* sometidas a distintas concentraciones de DMHDA (C) y Captan (E) y de *P. ciannamomi* expuesta a esos mismos compuestos (D y F respectivamente). Las barras representan las medias ± error estándar (n = 4). Las letras son usadas para indicar que las medias difieren estadísticamente según la prueba de rango múltiple de Duncan ($p<0.05$).

Para el caso de *T. atroviride* el efecto ocurrió de manera similar, ya que las primeras 2 concentraciones probadas (12 y 25 µM) no inhibieron el crecimiento del hongo, y solo a partir de 50 µM se produjo un retraso en el crecimiento de este microorganismo cercano al 20%, pero a concentración de 100 µM la inhibición llego al 45 % (Fig. 3D).

El efecto que el Captan produjo en *T. virens* y *T. atroviride* fue más efectivo que el de la DMHDA sobre estos hongos. Se pudo observar que a diferencia de lo ocurrido con la DMHDA, aún las bajas concentraciones de Captan (12 y 25 µM) reprimen el crecimiento de éstos dos hongos si bien de manera discreta (entre 12 y 30 %), y como era de esperarse las concentraciones más elevadas causan una inhibición mayor que fue cercana al 50% (Fig. 3E y 3F). Lo anterior mostró que la DMHDA no tiene un efecto general sobre todos los microorganismos y que si bien pudiera estar actuando como sustancia tóxica, no es un tóxico con un efecto general.

Efecto de la DMHDA sobre la infección de *F. anannasa* por *B. cinerea*.

Para observar el efecto *In vitro* de la aplicación de DMHDA sobre *B. cinerea* en interacción con uno de sus hospederos típicos, foliolos de *F. ananassa* fueron colocados en cajas petri con medio MS adicionados (o no) con DMHDA a una concentración de 100 µM los cuales fueron infectados (o no) con *B. cinérea*.

Se encontró que en las cajas Petri con los foliolos incluidos en medio con DMHDA, *B. cinerea* fue incapaz de crecer sobre el medio de cultivo (MS) o sobre la lámina del foliolo, y no produjo por tanto ninguna lesión sobre la lámina, sin embargo los foliolos colocados encajas Petri con medio de cultivo sin DMHDA pero expuestos a *B. cinerea*, crecieron tanto sobre el medio de cultivo como sobre la lámina del foliolo, infectándolo y produciendo numerosos puntos necróticos sobre la lámina (Fig. 4D-F). Estos datos muestran que la DMHDA *in vitro* es capaz de prevenir la infección de plantas de *F. ananassa* por *B. cinerea*, y en este sentido actúa como un fungicida en el sentido agrícola.

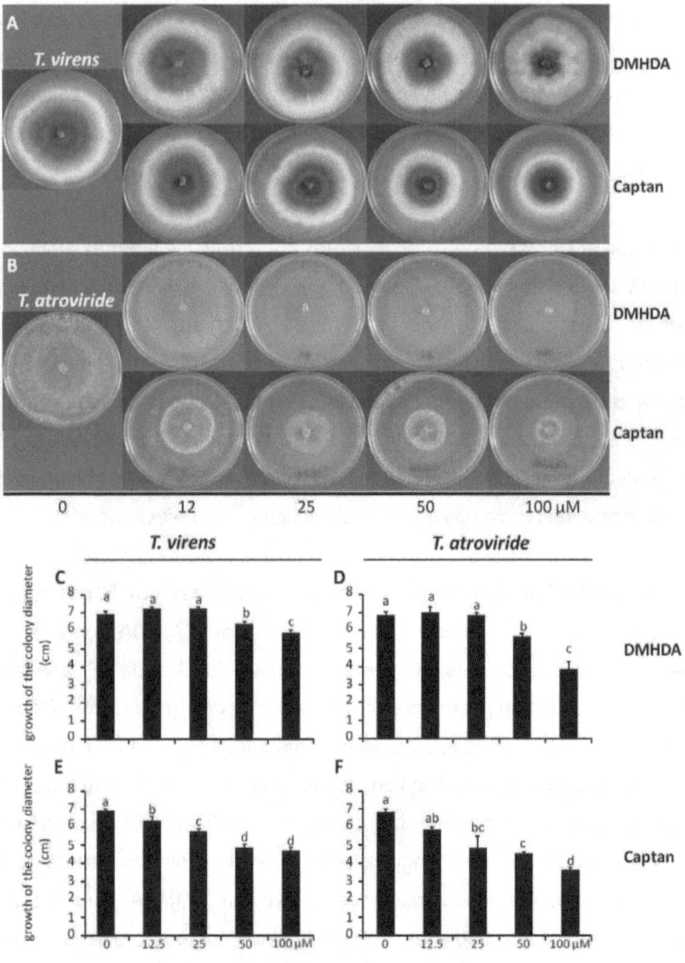

Figura 3. Inhibición del crecimiento de *T. virens* y *T. atroviride* por DMHDA y el Captan a diversas concentraciones micromolares. Después de cinco días de incubación se capturaron las imágenes y se midió el diámetro mayor de las colonias. Los páneles **A** y **B** muestran imágenes representativas de 4 cajas con *T. virens* y *T. atroviride* (respectivamente) sometidos a concentraciones crecientes de DMHDA y Captan. Las gráficas muestran el crecimiento del diámetro mayor de las colonias de *T. virens* sometidas a distintas concentraciones de DMHDA (C) y Captan (E) y de *T. atroviride* expuesta a esos mismos compuestos (D y F respectivamente). Bars represent the mean±standard error values (n = 4) Letters are used to indicate means that differ significantly by a Duncan's multiple range test ($p<0.05$).

Efecto del grupo amino y la cadena hidrocarbonada en la actividad antifúngica de los aminolípidos

Si bien hay algunos reportes que indican que compuestos como la butanamina y la dimetiloctalamina tienen efectos antifúngicos, (Zou et al., 2007; Xu et al., 2004). No está claro el mecanismo por el que se ejerce este efecto, pero se ha sugerido que un cambio en el pH del suelo causado por el grupo amino como posible explicación (Liebman y Epstein, 1994; Xu et al., 2004).

Con la finalidad de probar si el grupo amino, la cadena hidrocarbonada o ambos elementos son necesarios para ejercer la fungistasis, se probaron diversas aminas con una longitud de la cadena hidrocarbonada de 4 a 16 átomos de carbono, y al metil palmitato como lípido no aminado sobre *B. cinerea, P. cinnamomi, T. virens* y *T. atroviride* a una concentración de 100 µM.

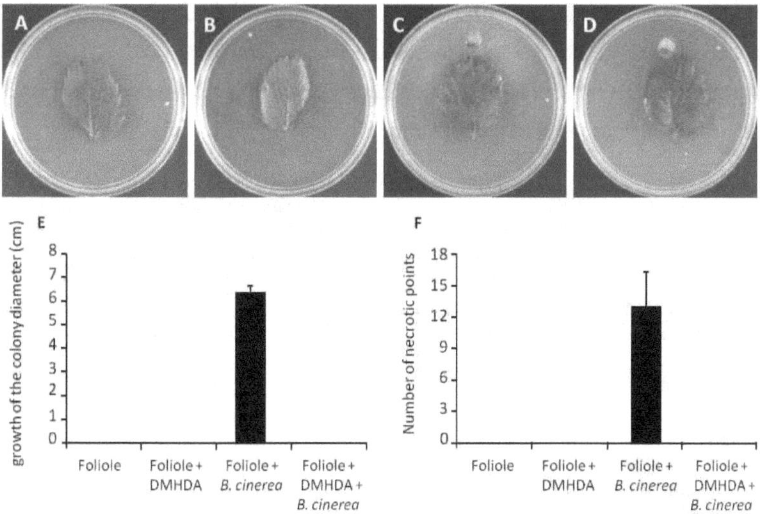

Figura 4. Inhibición del crecimiento de *B. cinerea* por DMHDA a 100µM. El panel A-Control (solo el foliolo) B-Control positivo (el foliolo mas DMHDA) C-Tratamiento 1 (el foliolo infectado con *B. cinerea* mas DMHDA) D-Tratamiento 2 (el foliolo infectado con *B. cinerea*) E- Diámetro mayor de la colonia (cm) y F-Numero de puntos necróticos generados por *B. cinerea*. 8 días de exposición. Los resultados se analizaron mediante la prueba de ANOVA seguida de una prueba de Duncan ($p < 0.05$; n = 4), las letras denota significancia estadística entre tratamientos.

En *B. cinerea* y *P. cinnamomi* se vio tanto el MP como los aminolípidos C4, C8 y C10 inhibieron de forma muy discreta el crecimiento de estos microorganismos, pero al incrementar la longitud de la cadena hidrocarbonada de la amina, también incrementaba la inhibición sobre *B. cinerea* y *P. cinnamomi* (Tabla 1). En *P. cinnamomi* la represión fue mayor por efecto de las aminas con cadenas hidrocarbonadas de C12 y C14 las cuales de hecho produjeron una represión total del crecimiento. Lo anterior muestra que el grupo amino terciario no es suficiente para causar un efecto represor del crecimiento y que una longitud de la cadena hidrocarbonada entre C12 y C16 es fundamental. Por otro lado la adición de metil palmitato (con cadena hidrocarbonada C16) al medio, no produjo ningún efecto inhibitorio en los hongos, y solo un efecto inhibitorio muy discreto en el oomiceto, lo que señala que ni la cadena hidrocarbonada larga ni el grupo amino por si mismos son capaces de producir la inhibición del crecimiento causada por la DMHDA (Tabla 1).

En los hongos del género *Trichoderma* el comportamiento fue muy interesante, en el sentido de que las aminas hidrocarbonadas de cadena larga (C12, C14 y C16) que causaron una fuerte represión en fitopatógenos, en *T. virens y atroviride* provocaron una inhibición considerablemente menor (Tabla 1).

Tabla 1. Crecimiento del diámetro (cm) de colonias de *B. cinerea, P. cinnamomi, T. virens* y *T. atroviride* en medio PDA adicionado con diversos lípidos†

Microorganismo	**Control**	**MP**	**C4**	**C8**	**C10**	**C12**	**C14**	**C16**
B. cinerea	7,1a	6,1a	6,5a	6,1a	5,6a	3,8b	2,4b	2,7b
P. cinnamomi	7,6a	6,5c	6,9b	5,3e	5,9d	0g	0g	2,4f
T. virens	7,9a	7,6a	7,2b	4,8d	5,7c	5,7c	5,3cd	5,4c
T. atroviride	7,9a	8a	7,8a	6c	6,9b	4,2d	2,8e	5,4c

†Metil-palmitato (MP), Butanamina (C4), Dimetiloctilamina (C8), Dimetildecilamina (C10), Dimetildodecilamina (C12), Dimetiltetradecilamina (C14) y DMHDA (C16). A una concentración represora de 100µM. Después de 5 días de incubación se midió el diámetro mayor de las colonias en centímetros. Los resultados se analizaron mediante prueba de ANOVA y separación de medias por prueba de ($p < 0.05$; n = 4), las letras denotan significancia estadística entre tratamientos.

DISCUSIÓN

El estudio de las propiedades fungistáticas de los VOCs bacterianos es un área en desarrollo. Existen algunos trabajos pioneros que muestran que las bacterias del suelo en su conjunto (Xu el al., 2004) y algunos aislados bacterianos en particular (Liu et al., 2008; Zou et al., 2007) son capaces de producir VOCs con actividades supresoras contra los hongos nematófagos *Paecilomyces lilacinus*, *Pochonia chlamydospora* y *Clonostachys rosea.*

En nuestro grupo de trabajo hemos demostrado que *A. agilis* UMCV2 es una PGPR, y que además es capaz de promover el crecimiento de *Medicago sativa* mediamente la emisión de VOCs (Velázquez-Becerra et al., 2011), además de haberse demostrado su capacidad para vivir como endófita colonizando la raíz y los tejidos aéreos de varias leguminosas sin ser deletéreo (Avilés-García et al., 2010). Por lo que en este trabajo decidimos explorar su capacidad para inhibir el crecimiento de microorganismos fitopatógenos.

Nuestros resultados de experimentos de coocultivo en cajas Petri de compartimientos separados, muestran que los VOCs producidos por *A. agilis* UMCV2 ejercen una inhibición moderada, cercana al 25 % medida como crecimiento en diámetro de la colonia de *B. cinerea* y 45 % medida como superficie de la colonia del hongo, que resultó ser muy consistente.

El análisis cromatográfico realizado en un trabajo previo (Velázquez-Becerra et al., 2011), mostró la presencia de 2,5-Dimethyl pirazina en proporciones elevadas dentro del perfil de los VOCs de *A. agilis*, así como cantidades menores de DMHDA (N,N,-dimetilhexadecilamina octalamina). La 2,5-Dimethyl pirazina es producida por una gran cantidad de bacterias del suelo, sin embargo no ha mostrado actividad fungistática. Xu et al. (2004) encontraron que la trimetilamina y la N,N,-dimetiloctalamina estuvieron presentes en 30 suelos con fuerte actividad fungistática y que en forma pura, estas mismas substancias, también inhibieron la germinación de las esporas y el crecimiento del micelio de los hongos nematófagos *P. lilacinus*, *P. chlamydospora* y *C. rosea*. En un trabajo posterior Zou et al. (2007) probaron los VOCs dominantes de 32 aislados bacterianos con actividad inhibitoria sobre esporas y micelio de esos mismos hongos, determinando que la 1-butanamina, causa una inhibición total de *P. lilacinus*, y *P. chlamydospora* a concentraciones de 43 y 60 μM respectivamente.

La misma DMHDA ha sido reportada como parte de la mezcla de VOCs producida por *Bacillus subtilis* G8, una rizobacteria capaz de inhibir el crecimiento micelial de diversos hongos fitopatógenos, si bien no se había atribuido papel alguno a la DMHDA en esta actividad antifúngica (Liu et al., 2008).

En el presente trabajo corroboramos la presencia de la DMHDA en las colonias de *A. agilis* UMCV2 crecidas en AN de 3 a 5 días, encontrando que constituyen entre el 2.5 y 4.8 % de los lípidos de *A. agilis* UMCV2 y que alcanzan concentraciones cercanas a 6 μM en la colonia. No fue sorprendente encontrar concentraciones relativamente bajas de DMHDA en las colonias bacterianas ya que un trabajo previo mostró que la DMHDA adicionado al AN en concentraciones de 1.5 μM estimuló el crecimiento de *A. agilis* UMCV2, pero en concentraciones de 6 μM o mayores (sin cuantificar la DMHDA endógena) inhibió el crecimiento de la bacteria, lo que nos llevó a proponer que la DMHDA actúa de manera semejante a un autoinductor que a concentraciones bajas dispara el crecimiento poblacional y a altas concentraciones lo detiene (Velázquez-Becerra et al., 2011). De cualquier forma, no es de esperarse que en los experimentos de cocultivo en cajas Petri de compartimientos separados, la concentración de DMHDA producido por *A. agilis* UMCV2 presente en el espacio de cabeza haya sido superior a 6 μM, y la inhibición causada que los VOCs bacterianos en *B. cinerea*, fue una inhibición moderada (colonias con un crecimiento en el diámetro 25 % menor al del control). No obstante lo anterior no puede descartarse la presencia de otros compuestos volátiles aún no determinados y que tengan efectos antifúngicos, nuestro análisis de las colonias bacterianas reportaron concentraciones menores que no pudieron ser cuantificadas con precisión de dimetildodecilamina, VOC que en el presente trabajo mostró tener una actividad fungistática aún mayor que la DMHDA.

Sin embargo, los experimentos realizados con *P. cinnamomi* y *B. cinerea* a concentraciones conocidas de DMHDA permitieron ver efectos claros de este compuesto sobre el crecimiento de los fitopatógenos. Concentraciones de 50 y 100 µM produjeron fuertes inhibiciones en el crecimiento de los fitopatógeneos, especialmente en *P. cinnamomi*.

En nuestras condiciones experimentales, la DMHDA mostró un potencial mayor que el fungicida comercial Captan, ya que todas las concentraciones de DMHDA generaron una inhibición superior a la del Captan sobre el crecimiento micelial de *B. cinerea* y *P. cinnamomi* (hasta 90% de inhibición aproximadamente) (figura 2). Estos resultados abren la posibilidad del empleo de la DMHDA como alternativa al uso de fungicidas como el Captan, cuyas efectos carcinogénicos en mamíferos ha sido demostrada y su efecto en seres humanos es controversial (Arce et al., 2010; Cohen et al., 2010).

El género *Trichoderma* es ampliamente usado como agente de biocontrol por estar formado por microorganismos micoparásitos (Howell 2003). Desde el punto de vista biotecnológico, fue muy interesante constatar que el efecto inhibitorio de la DMHDA fue sensiblemente menor sobre los hongos promotores del crecimiento vegetal *T. virens* y *T. atroviride*. Una concentración de DMHDA de 50 µM, inhibe fuertemente a los fitopatógenos de *B. cinerea* y *P. cinnamomi*, sin embargo produjo un efecto muy discreto sobre *T. virens* y *atroviride*. Esta circunstancia si bien fue inesperada y muestra que la DMHDA no es igualmente activa contra todos los hogos, también puede ser ventajosa, ya que es posible considerar el uso de la DMHDA en estrategias multifactoriales de control de pestes, que también contemplen a hogos benéficos como los del género *Trichoderma*.

Foliolos de *F. ananassa* mantenidos en cajas Petri con medio MS adicionado con DMHDA fueron completamente protegidos de la infección por *B. cinerea* mientras que los foliolos en medio sin DMHDA fueron invadidos por el hongo mostrando múltiples puntos de necrosamiento. Este hecho aunado a que los foliolos de *F. ananassa* no hayan sufrido daño alguno al estar en contacto con medio con DMHDA, nos hace pensar que la DMHDA podría usarse como un compuesto fungicida en el sentido agrícola, situación aún por demostrarse en invernadero y campo.

Otra alternativa a explorar, es emplear no a la DMHDA directamente, sino a la bacteria que la produce como una estrategia de control biológico. Los experimentos de cocultivo de *B. cinerea* y *A. agilis* UMCV2, muestran que la concentración de los

VOCs producidos por *A. agilis* no es suficientemente elevada para provocar una inhibición total sobre el hongo *in vitro,* sin embargo *in vivo* pudiera ser diferente. Por un lado, sería esperable que en la rizósfera la bacteria y el hongo entraran en contacto físico, lo que pudiera incrementar el efecto de la DMHDA sobre el hongo. Por otro lado, se ha demostrado que la inhibición bacteriana de hongos fitopatógenos es más fuerte cuando las bacterias se establecen con antelación al hongo en un cultivo, teniendo tiempo para producir sus metabolitos antes que el patógeno (Valencia-Cantero et al., 2005). En el caso de *A. agilis* UMCV2, esto también es una ventaja potencial, ya que ésta bacteria además de ser rizosférica es endofítica (Avilés-García et al., 2010) y podría inocularse preventivamente en una planta antes de que fuera infectada. Es claro que los puntos anteriores son hipótesis de trabajo, mismas que actualmente estamos sometiendo a prueba.

El mecanismo por medio del cual la DMHDA ejerce su acción inhibitoria sobre los microorganismos fitopatógenos, permanece inexplicado. Se ha correlacionado un pH alcalino en el pH de suelo con la capacidad fungistática del mismo y así se ha propuesto que en suelos con concentraciones elevadas de aminolípidos, el grupo amino puede conducir a la producción de amonio y a una elevación del pH y que esto explicaría la inhibición de los hongos fitopatógenos (Liebman y Epstein, 1994; Xu et al., 2004). Nuestros resultados sin embargo no apuntan en esa dirección ya que iguales concentraciones molares de aminolípidos no tuvieron el mismo efecto inhibitorio sobre los fitopatógenos y en cambio la longitud de la cadena hidrocarbonada del aminolípido si tuvo un fuerte efecto. Longitudes de la cadena hidrocarbonada entre 12 y 16 C tuvieron el mayor efecto en los hongos y el oomiceto probados, si bien la presencia del grupo amino terciario fue muy importante para que el compuesto tuviera un efecto inhibitorio. El MP con cadena hidrocarbonada de 16 C tuvo un efecto inhibitorio aunque muy discreto sobre los microorganismos probados. Una posibilidad más acorde con nuestros resultados es que la DNHDA y los aminoilípidos C10 y C14 ejerzan inhibición interfiriendo con la síntesis de ácidos grasos en los microorganismos actuando como análogos de los sustratos naturales de esta vía. Una situación semejante se ha descrito en bacterias, donde los ácidos grasos insaturados de cadena larga, pero no los saturados, bloquean la enoil-acil proteína reductasa (FabI) que es un componente esencial en la ruta de síntesis de los ácidos grasos bacterianos (Zheng et al, 2005).

Kai y col. (2007) señalan que un mismo compuesto puede tener actividad fungistática diferencial en distintos organismos debido a que los sitios de reacción de un compuesto pueden ser distintos o inexistentes en otros hongos o bien debidos a diferentes habilidades para detoxificar compuestos supresores en cada hongo. Considerando la conocida versatilidad metabólica del género *Trichoderma*, nosotros proponemos la hipotesis de que *T. virens* y *T. artroviride* tienen mayor capacidad de evadir el efecto inhibitorio de las aminas hidrocarbonadas de cadena larga, que de otro modo tendría un efecto inhibitorio general sobre los hongos y el oomiceto.

En conclusión, en el presente trabajo hemos identificado a la DMHDA como un VOC producido por la rizobacteria *A. agilis* UMCV2 capaz de inhibir fuertemente y a dosis bajas el crecimiento de *B. cinerea* uno de los hongos fitopatógenos más ampliamente distribuido y a *P. cinnamomi*, un oomiceto igualmente importante como fitopatógeno. El mecanismo por medio del cual causa esta inhibición no está claro, pero la evidencia apunta a un efecto tóxico dependiente de la longitud de la cadena hidrocarbonada y la presencia del grupo amino terciario. El hecho de que la DMHDA tenga efectos discretos sobre *T. virens* y *T. atroviride*, y sea producida por una bacteria endofítica, sugiere que podría ser utilizada en estrategias integrales de control de plagas que involucre el uso de bioinculantes, hipótesis que actualmente está siendo probada.

Agradecimientos: Se agradece al Consejo Nacional de Ciencia y Tecnología (México) por el financiamiento para este trabajo vía los proyectos 60999 (LIMR) y 128341 (EVC).

Literatura citada.

Arce, G.T., Gordon, E.B., Cohen, S.M. y P. Singh, (2010) Genetic toxicology of folpet and captan. Critical Reviews in Toxicology/. 40: 546–574.

Aviles-Garcia, M.E., Santoyo-Pizano, G., Flores-Cortes. I., E. Valencia-Cantero, (2010) *Arthrobacter agilis* UMCV2 como endófita de leguminosas. Memorias del XXXVIII Congreso Nacional de Microbiología. Morelia Michoacán 29 de Jun. 2010. Pag 50.

Burkhardt, S., Tan, D.X., Manchester, L.C., Hardeland, R. and Reiter R.J. (2001). Detection and quantification of the antioxidant melatonin in montmorency and balaton tart cherries (*Prunus cerasus*). J. Agric. Food. Chem. 49: 4898–4902

Cohen, S.M., Gordon, E.B., Singh. P., Arce, G.T. y A. Nyska, (2010). Carcinogenic mode of action of folpet in mice and evaluation of its relevance to humans. *Critical*_Reviews in *Toxicology*_40: 531–545.

Contreras-Cornejo, H.A., Macías-Rodríguez, L.I., Cortés-Penagos, C. y J. López-Bucio, (2009) *Trichoderma virens*, a plant beneficial fungus, enhances biomass production and promotes. lateral root growth through an auxin-dependent mechanism in arabidopsis[1[C][W][OA]]. *Plant Physiology*. 149: 1579-1592.

Damian-Badillo, L.M., Martínez-Muñóz, R.S., Salgado-Garciglia, R. y M.M. Marínez-Pacheco, (2010) *In vitro* actioomycete activity of *Artemisia ludoviciana* extracts against *Phytophtora* spp. *Boletin Latinoamericano del Caribe de Planast Medicinales y Aromaticas.* 9:136-142.

Oerke, E.C. (2006) Crop losses to pests. The *Journal* of Agricultural *Science.* 144:_31-43.

Elad, Y., Williamson, B., Tudzynski, P. y N. Delen, (2007) *Botrytis* spp. and Diseases They Cause in Agricultural Systems – An Introduction. En: Botrytis: Biology, Pathology and Control. Elad Y., Williamson B., Tudzynski P. y Delen N. (Eds). Pp 1-8. Springer. Dordrecht Holanda.

González-Gómez, D., Lozano, M., Fernández-León, M.F.-, Ayuso, M.C., Bernalte, and M.J., Rodríguez, A.B. (2009) Detection and quantification of melatonin and serotonin in eight sweet cherry cultivars (*Prunus avium* L.) Eur. Food Res Tecnol. 229: 223-229.

Handelsman, J. y E.V. Stabb, (1996) Biocontrol of soilborne plant pathogens. *Plant Cell* 8:1855–1869.

Howell, C. (2003) Mechanisms employed by *Trichoderma* species in the biological control of plant diseases: the history and evolution of current concepts. *Plant Disease*. 87: 4-10.

Kai, M., Effmert, U., Berg, G. y B. Piechulla, (2007) Volatiles of bacterial antagonists inhibit mycelial growth of the plant pathogen *Rhizoctonia solani*. Archives of *Microbiology*. 187:351–360.

Liebman, J.A., Epstein, L. (1994) Partial characterization of volatile fungistatic compound(s) from soil. Phytopathology 84: 442–446.

Liu, W., Mu, W., Zhu, B. y F. Liu, (2008) Antifungal activity and components f VOC produced by *Bacillus subtilis* G8. *Current* Research in *Bacteriology*. 1:28-34.

Mullin, C.A., Frazier, M., Frazier, J.L., Ashcraft, S., Simonds, R., Vanengelsdorp, D. and J.S. Pettis, (2010) High levels of miticides and agrochemicals in North American apiaries: implications for honey bee health. *PLoS One*. 19:5:e9754.

Santoyo, G., Valencia-Cantero, E., Peña-Cabriales, J.J. y R. Farías-Rodriguez, (2010) Papel de los sideróforos en la actividad antagónica de Pseudomonas fluorescens ZUM80 hacia hongos fitopatógenos. Revista *Terra Latinoamericana*. En Prensa

Valencia-Cantero, E, Villegas-Moreno, J., Sánchez-Yáñez, J.M., Peña-Cabriales, J.J. y R. Farías-Rodríguez, (2005) Inhibición del crecimiento de *Fusarium oxysporum* por cepas mutantes de *Pseudomonas fluorescens* Zum80 incapaces de producir sideróforos. Revista *Terra Latinoamericana*. 23:65-72.

Valencia-Cantero, E., Hernandez-Calderón, E., Velázquez-Becerra, C., López-Meza, J.E., Alfaro-Cuevas, R. y J. Lopez-Bucio, (2007) Role of dissimilatory fermentative iron-reducing bacteria in Fe uptake by common bean (*Phaseolus vulgaris* L.) plants grown in alkaline soil. *Plant and Soil* 291: 263-273.

Velázquez-Becerra, C., Macías-Rodríguez, L.I., López-Bucio, J., Altamirano-Hernández, J., Flores-Cortez, I. y E. Valencia-Cantero, (2011) A volatile organic compound isolated from

Arthrobacter agilis modulates growth of *Medicago sativa* in vitro. *Plant and Soil.* 339: 329-340.

Xu, C., Mo, M., Zhang, L. y K. Zhang, (2004) Soil volatile fungistasis and volatile fungistatic compounds. *Soil Biology* & *Biochemistry.* 36: 1997-2004.

Zou, C.S., Mo, M.H., Gu, Y.Q., Zhou, J.P. y K.Q. Zhang, (2007) Possible contributions of volatile-producing bacteria to soil fungistasis. *Soil Biology* & *Biochemistry.* 39: 2371-2379.

Molina-Torres Jorge, Carlos Junior Salazar-Cabrera, Concepcin Armenta-Salinas, and Enrique Ramrez-Chvez *J. Agric. Food Chem.*, 2004, 52 (15), 4700-4704 • DOI: 10.1021/jf034374y

Molina-Torres Jorge, Abraham Garcia-Chavez, Enrique Ramırez-Chavez, (1999) Antimicrobial properties of alkamides present in flavouring plants traditionally used in Mesoamerica: affinin and capsaicin. *J. Ethnopharmacol* 64, 241–248.

FSC
www.fsc.org
MIX
Papier | Fördert
gute Waldnutzung
FSC® C083411

Kolibri 360 GmbH
Ferdinand-Jühlke-Straße 7
99095 Erfurt, Deutschland
produktsicherheit@kolibri360.de

Druck:
CPI Druckdienstleistungen GmbH
im Auftrag der
Kolibri 360 GmbH
Ferdinand-Jühlke-Str. 7
99095 Erfurt